普通高等学校网络工程专业教材

计算机网络技术原理
实验教程

唐灯平　著

清华大学出版社
北京

内 容 简 介

本书是江苏省重点教材《计算机网络技术原理与实验》(第 2 版)的配套实验教材,主要培养学生的动手实践能力。

本书分 9 章,第 1 章为计算机网络概述的相关实验,第 2 章为数据通信基础的相关实验,第 3 章为物理层的相关实验,第 4 章为数据链路层的相关实验,第 5 章为局域网的相关实验,第 6 章为广域网的相关实验,第 7 章为网络层的相关实验,第 8 章为运输层的相关实验,第 9 章为应用层的相关实验。

本书适合作为高等院校计算机、网络工程、物联网工程专业应用型本科生或高年级专科生的教材,也可供企事业单位的网络管理人员、广大科技工作者和研究人员参考。

图书在版编目(CIP)数据

计算机网络技术原理实验教程/唐灯平著.—北京:清华大学出版社,2024.3
普通高等学校网络工程专业教材
ISBN 978-7-302-65673-9

Ⅰ.①计… Ⅱ.①唐… Ⅲ.①计算机网络-实验-高等学校-教材 Ⅳ.①TP393-33

中国国家版本馆 CIP 数据核字(2024)第 025742 号

责任编辑:张 玥
封面设计:刘艳芝
责任校对:王勤勤
责任印制:曹婉颖

出版发行:清华大学出版社
　　　　网　　　址:https://www.tup.com.cn,https://www.wqxuetang.com
　　　　地　　　址:北京清华大学学研大厦 A 座　　　　邮　　编:100084
　　　　社 总 机:010-83470000　　　　　　　　　　　邮　　购:010-62786544
　　　　投稿与读者服务:010-62776969,c-service@tup.tsinghua.edu.cn
　　　　质量反馈:010-62772015,zhiliang@tup.tsinghua.edu.cn
　　　　课件下载:https://www.tup.com.cn,010-83470236
印 装 者:三河市天利华印刷装订有限公司
经　　销:全国新华书店
开　　本:185mm×260mm　　　　印　　张:15.25　　　　字　　数:373 千字
版　　次:2024 年 3 月第 1 版　　　　　　　　　　　　印　　次:2024 年 3 月第 1 次印刷
定　　价:49.80 元

产品编号:104766-01

FOREWORD

前言

  为主动应对新一轮科技革命与产业变革,支撑服务创新驱动发展、"中国制造 2025"等一系列国家战略,2017 年 2 月以来,教育部积极推进新工科建设,先后形成了"复旦共识"、"天大行动"和"北京指南",并发布了《关于开展新工科研究与实践的通知》《关于推进新工科研究与实践项目的通知》,着力探索形成领跑全球工程教育的中国模式、中国经验,助力高等教育强国建设。

  新工科建设要求创新工程教育方式与手段,落实以学生为中心的理念,增强师生互动,改革教学方法和考核方式,形成以学习者为中心的工程教育模式。推进信息技术和教育教学深度融合,充分利用虚拟仿真等技术创新工程实践教学方式。

  本书以此为指导思想编写,培养学生的实践能力。本书为江苏省重点教材《计算机网络技术原理与实验》(第 2 版)(教材编号:2020-2-215)的配套实验教材,主要内容包括:第 1 章为计算机网络概述;第 2 章为数据通信基础;第 3 章为物理层;第 4 章为数据链路层;第 5 章为局域网;第 6 章为广域网;第 7 章为网络层;第 8 章为运输层;第 9 章为应用层。

  本书分 9 章,第 1 章为计算机网络概述的相关实验,第 2 章为数据通信基础的相关实验,第 3 章为物理层的相关实验,第 4 章为数据链路层的相关实验,第 5 章为局域网的相关实验,第 6 章为广域网的相关实验,第 7 章为网络层的相关实验,第 8 章为运输层的相关实验,第 9 章为应用层的相关实验。

  本书具有以下特点:

  (1)每个实践项目都有详细的配置过程。

  (2)本书通过易于实现的仿真实验项目,将实验带入课堂,激发学生的学习兴趣,提高学生的实践能力。

  基于虚拟仿真方面的课程教学成果获得 2020 年第五届江苏省教育科学优秀成果奖二等奖、2019 年江苏省高等教育学会 2018 年度高等教育科学研究成果奖二等奖,同时获得 2018 年苏州市教育教学成果奖二等奖。基于以上情况,作者最终决定出版该课程配套实验教材。

FOREWORD

　　本书由唐灯平著。在编写过程中听取了苏州大学计算机科学与技术学院各位同仁的意见和建议,并得到了苏州城市学院领导的鼓励和帮助,还得到了清华大学出版社张玥编辑的大力支持,在此表示诚挚的感谢。本书同时也是苏州城市学院江苏省产教融合品牌专业物联网工程专业建设成果;苏州城市学院江苏省一流本科专业、卓越工程师教育培养计划 2.0 专业建设点计算机科学与技术专业建设成果以及苏州城市学院物联网工程专业课程思政示范专业建设成果。

　　由于作者水平有限,书中难免有不妥和疏漏之处,恳请各位专家、同仁和读者不吝赐教和批评指正,并与作者讨论。

作　者

2023 年 10 月

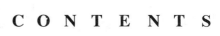

目 录

C O N T E N T S

第1章　计算机网络概述

实验：VMware 虚拟机安装

在计算机网络技术原理课程中,通常需要搭建基本的网络环境来完成相关的实验。该网络环境往往搭建成客户/服务器(C/S)模式,服务器端安装网络操作系统,客户端安装个人操作系统,并且将它们组建成一个网络,该网络环境的搭建通常在虚拟机中进行。本实验在 VMware 虚拟机中安装两台有操作系统的虚拟机,并将它们连接成网络。

本实验探讨在 VMware 虚拟机下搭建网络环境的过程。为了演示虚拟机的克隆功能,本实验中安装的两台虚拟机系统均为 Windows Server 2008,其中的一台是对另一台的克隆。

VMware(virtual machine ware)是一款功能强大的桌面虚拟机软件,用户可在单一的桌面上同时运行 Windows、Linux 等不同的操作系统。同时,用户能够在该虚拟平台上开发、测试、部署新的应用程序。VMware 在某种意义上可以让多系统"同时"运行。下载安装 VMware Workstation 后,可以在 VMware Workstation 里创建多台虚拟机,同时为多台虚拟机安装操作系统,每台虚拟机的操作系统都可以进行虚拟的分区、配置,而不影响真实硬盘的数据,也可以将几台虚拟机连接为一个局域网。

1. VMware 的安装

以 VMware 15.0 版本为例,具体安装过程如下。

双击安装文件,弹出图 1.1 所示的"安装向导"对话框,单击"下一步"按钮,弹出图 1.2 所示的"最终用户许可协议"对话框。接受安装协议后单击"下一步"按钮,弹出图 1.3 所示的

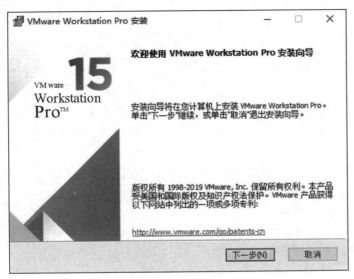

图 1.1　VMware 安装向导

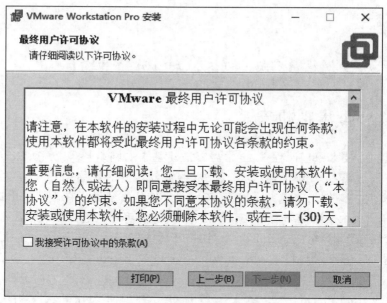

图 1.2　最终用户许可协议

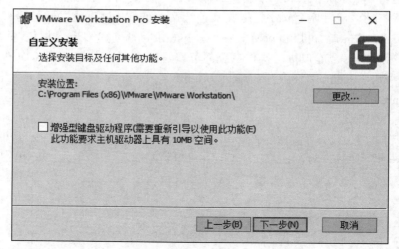

图 1.3　自定义安装

"自定义安装"对话框。设置安装位置后单击"下一步"按钮,弹出图 1.4 所示的"用户体验设置"对话框,在该对话框中选择默认设置,单击"下一步"按钮,弹出如图 1.5 所示的"快捷方式"设置对话框。

　　在图 1.5 所示的"快捷方式"对话框中选择默认设置,单击"下一步"按钮,弹出图 1.6 所示的准备安装对话框,单击"安装"按钮进行安装,安装过程如图 1.7 所示,安装完成后弹出图 1.8 所示的安装完成对话框。

　　在图 1.8 中单击"许可证"按钮,弹出图 1.9 所示的"输入许可证密钥"对话框,在其中输入许可证密钥,之后单击"输入"按钮,弹出图 1.10 所示的完成安装界面,单击"完成"按钮,完成安装过程。

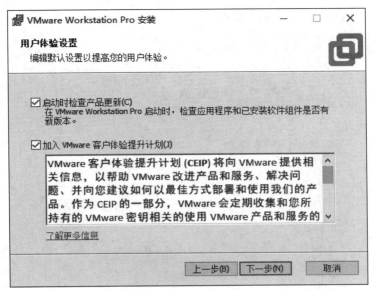

图 1.4　用户体验设置

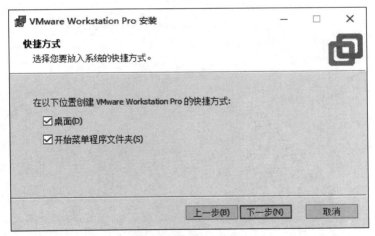

图 1.5　设置快捷方式

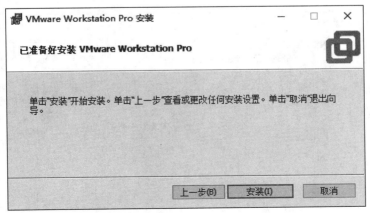

图 1.6　准备安装

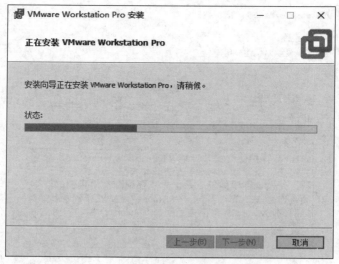

图 1.7 安装过程中

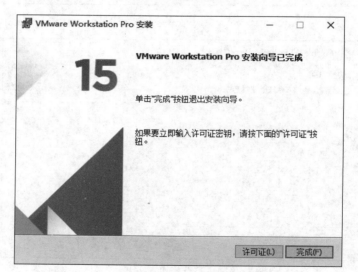

图 1.8 安装完成

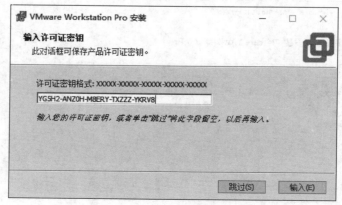

图 1.9 输入许可证密钥

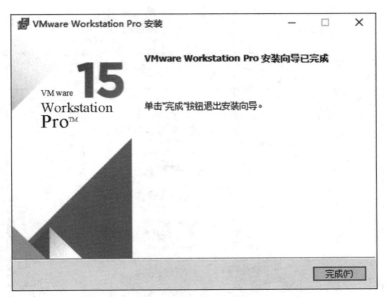

图 1.10　完成安装

2. 在 VMware 上安装操作系统

首先下载操作系统的 iso 文件，然后运行 VMware 软件，如图 1.11 所示。在其中选择"创建新的虚拟机"选项，在弹出的对话框中选择"典型"配置选项，如图 1.12 所示。单击"下一步"按钮，弹出图 1.13 所示的对话框，在其中设置"安装程序光盘映像文件(iso)"路径。然后单击"下一步"按钮，弹出图 1.14 所示的对话框，在其中输入 Windows 产品密钥。

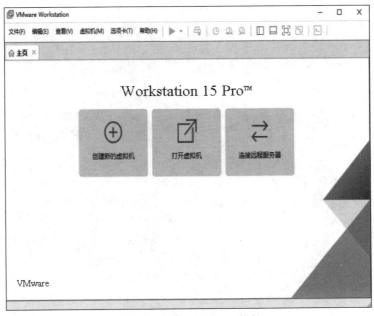

图 1.11　运行 VMware 软件

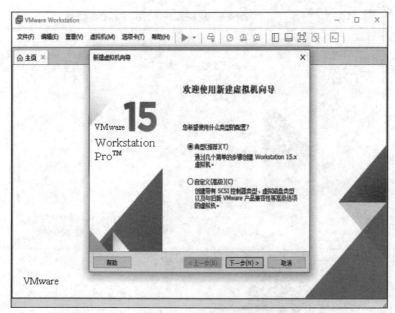

图 1.12　创建新的虚拟机并选择"典型"配置选项

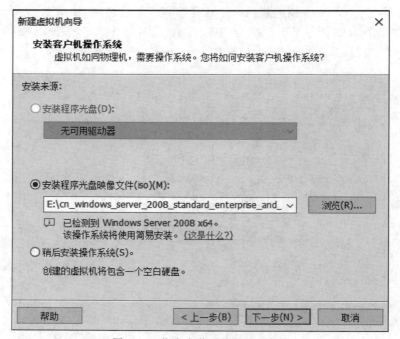

图 1.13　指定安装系统的 iso 路径

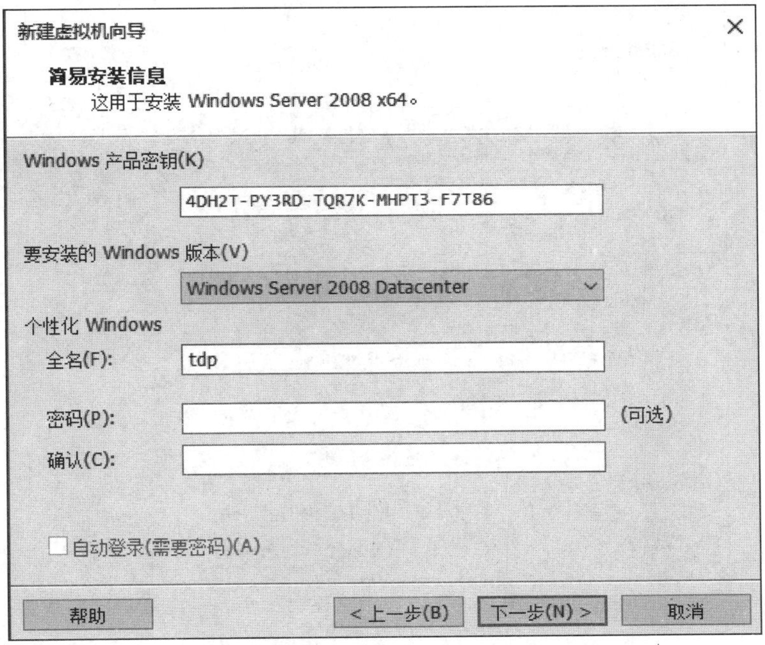

图 1.14　输入 Windows 产品密钥

　　输入产品密钥后,单击"下一步"按钮,弹出图 1.15 所示的对话框。在其中设置操作系统的安装路径,然后单击"下一步"按钮,弹出图 1.16 所示的"最大磁盘大小"对话框,在其中设置磁盘的大小。

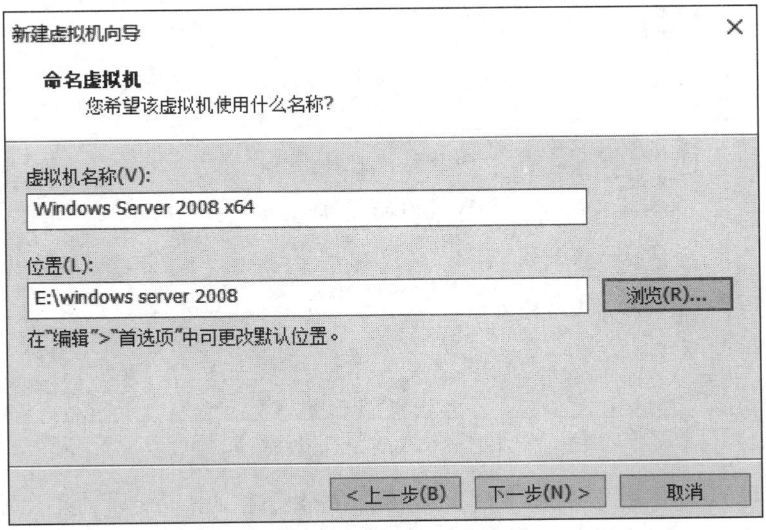

图 1.15　设置虚拟机操作系统安装路径

　　设置好磁盘大小后,单击"下一步"按钮,弹出"已准备好创建虚拟机"对话框,如图 1.17 所示,单击"完成"按钮,完成操作系统安装设置过程。重启虚拟机,进入操作系统安装界面,如图 1.18 所示。

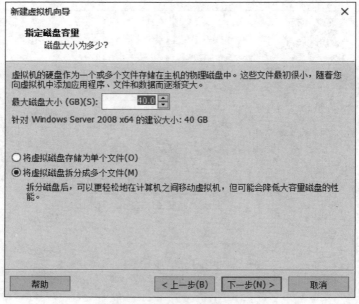

图 1.16　设置最大磁盘大小

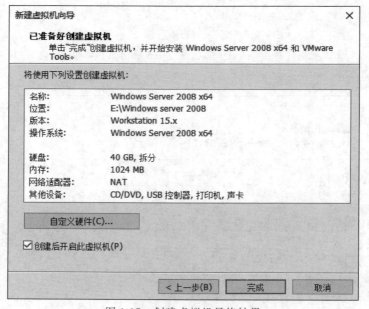

图 1.17　创建虚拟机最终结果

　　图 1.19 为安装操作系统时复制文件的过程,在安装过程中可能自动重启系统,如图 1.20 所示。操作系统安装完成后的界面如图 1.21 所示。安装完成后重启操作系统,如图 1.22 所示。

　　接下来设置操作系统的桌面为传统桌面,设置过程如下:右击"开始"按钮,在弹出的快捷菜单中选择"属性"选项,在弹出的"属性"对话框中选择"传统「开始」菜单",最后单击"确定"按钮,如图 1.23 所示,结果显示的桌面如图 1.24 所示。

图 1.18　开始安装操作系统

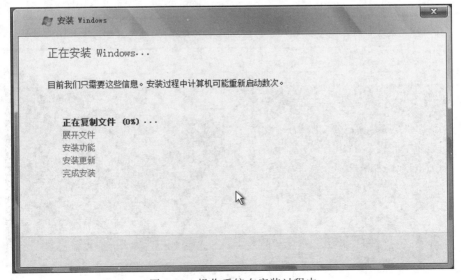

图 1.19　操作系统在安装过程中

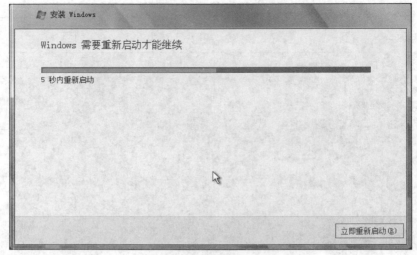

图 1.20　自动重启系统

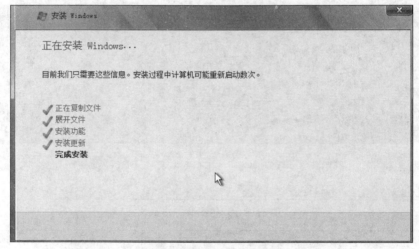

图 1.21　操作系统安装完成

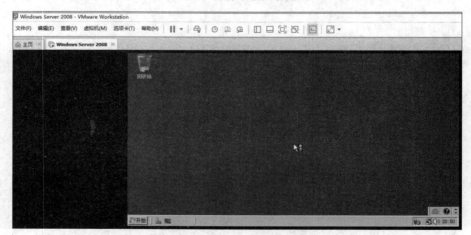

图 1.22　运行虚拟操作系统

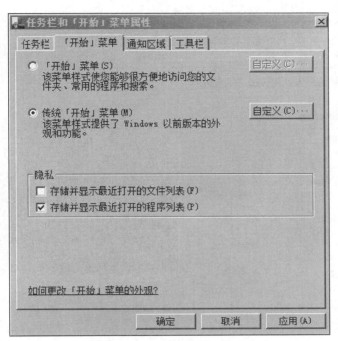

图 1.23 设置操作系统的桌面显示方式

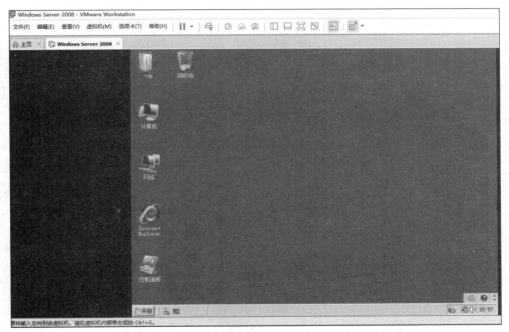

图 1.24 最终系统运行结果

为了搭建网络环境,需要安装另一个操作系统。VMware 具有操作系统克隆功能,可以很方便地克隆出另一个操作系统,而不需要另外重新安装,具体操作过程如下。

首先,关闭刚刚安装好的操作系统,关闭后的操作系统如图 1.25 所示。

图 1.25　关闭虚拟机

其次，选择 VMware 菜单中的"虚拟机→管理→克隆"，如图 1.26 所示。单击"克隆"选项，弹出图 1.27 所示的克隆向导，单击"下一步"按钮，弹出图 1.28 所示的对话框，在其中选

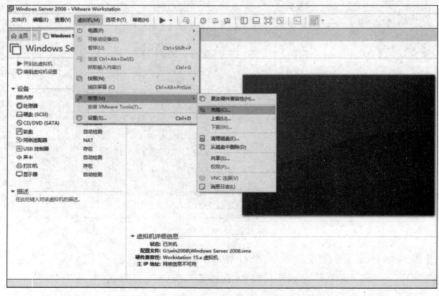

图 1.26　克隆虚拟机

择"虚拟机中的当前状态"选项,之后单击"下一步"按钮,弹出图 1.29 所示的对话框,在其中选择"创建链接克隆"选项,之后单击"下一步"按钮,弹出图 1.30 所示的"新虚拟机名称"对话框,设置克隆操作系统的位置,最后单击"完成"按钮。图 1.31 为"正在克隆虚拟机"对话框,图 1.32 为克隆成功界面。

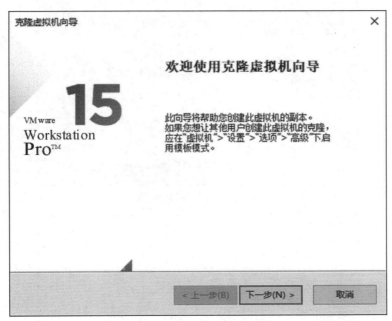

图 1.27　克隆虚拟机向导

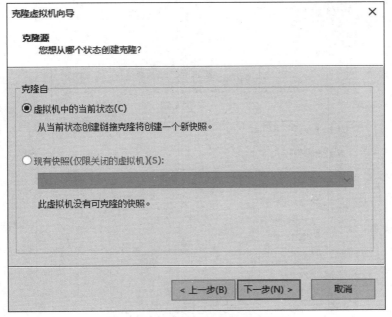

图 1.28　克隆虚拟机中的当前状态

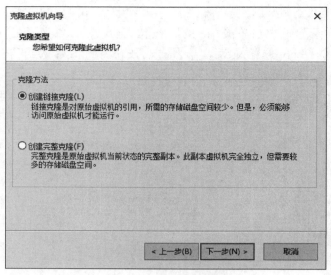

图 1.29　创建链接克隆

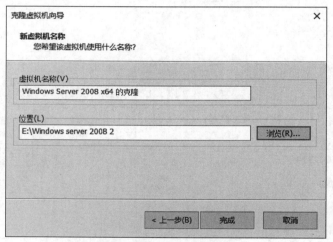

图 1.30　设置克隆位置

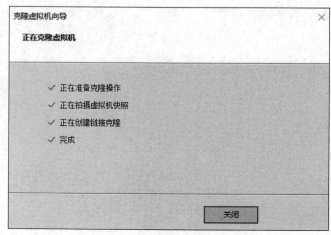

图 1.31　虚拟机克隆过程中

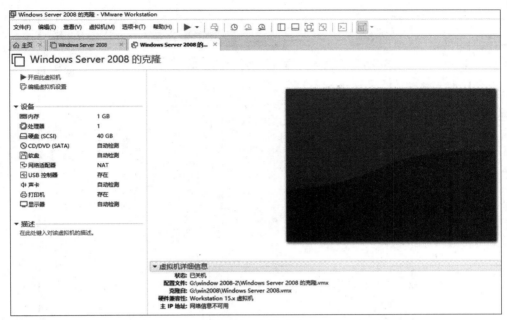

图 1.32　克隆成功

虚拟机运行时会占用本机的内存资源，且占用的内存越大，对本机系统运行的影响越大。因此，适当减小虚拟机运行内存的大小，可以改善本机的运行状态。更改虚拟机内存大小的具体操作如下。

右击虚拟机名称，在弹出的快捷菜单中选择"设置"选项，如图 1.33 所示，弹出图 1.34 所示的"虚拟机设置"对话框，在其中选择"内存"选项，调整内存大小，之后单击"确定"按钮，如图 1.35 所示。采取同样的方法设置另一个操作系统的内存大小。

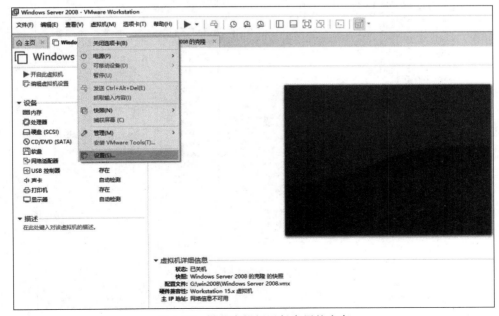

图 1.33　设置虚拟机运行占用的内存

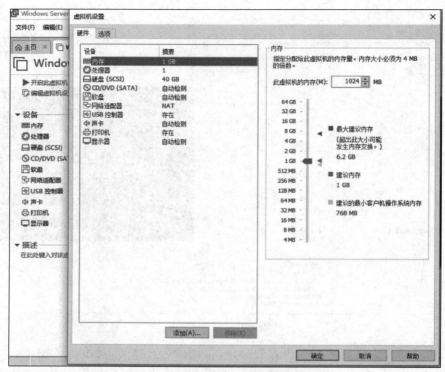

图 1.34　设置内存大小

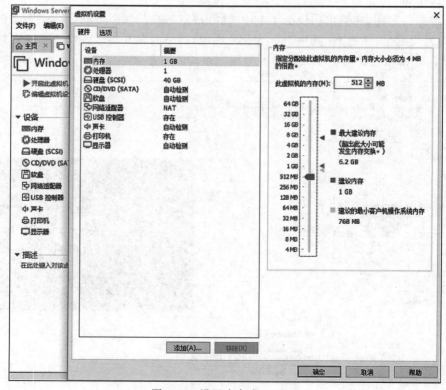

图 1.35　设置内存为 512MB

3. 设置网络参数,使网络互联互通

设置计算机网络参数的具体过程如下:右击"网络"图标,弹出图 1.36 所示的快捷菜单,选择"属性"选项,弹出图 1.37 所示的对话框,在其中选择"管理网络连接"选项,弹出图 1.38 所示的对话框,在其中右击"本地连接网络",单击快捷菜单中的"属性"选项,会弹出如图 1.39 所示的对话框,在其中选择"Internet 协议版本 4(TCP/IPv4)",弹出图 1.40 所示的对话框,设置相关网络参数,其中 IP 地址为 1.1.1.1,子网掩码为 255.0.0.0,最后单击"确认"按钮。采用同样的方法设置另一个操作系统的 IP 地址为 1.1.1.2,子网掩码为 255.0.0.0。

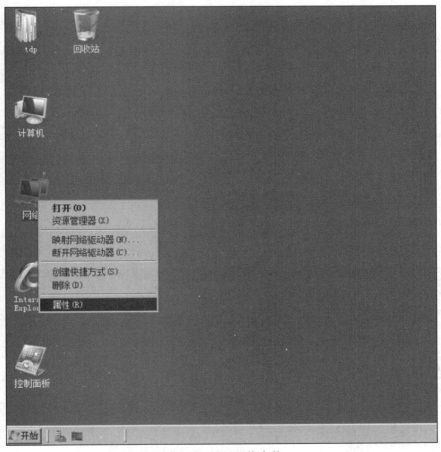

图 1.36 设置网络参数

为了使两台计算机能够正常通信,需要关闭防火墙功能,具体操作过程如下:右击"网络"图标,如图 1.41 所示,在弹出的快捷菜单中选择"属性"选项,弹出图 1.42 所示的"网络和共享中心"对话框,在"请参阅"中选择"Windows 防火墙"。

在"Windows 防火墙"对话框中选择"更改设置"选项,如图 1.43 所示,弹出图 1.44 所示的"Windows 防火墙设置"对话框,在其中选择"关闭"选项,最后单击"确定"按钮,如图 1.45 所示。

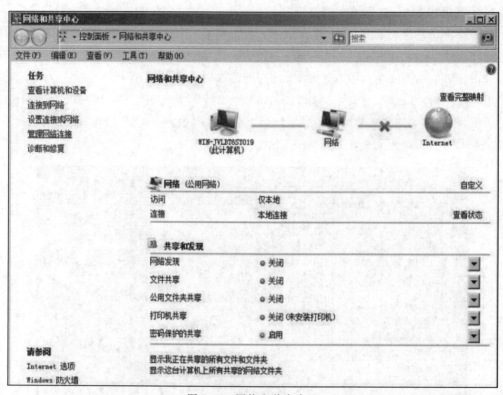

图 1.37　网络和共享中心

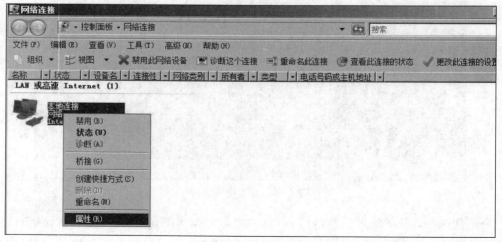

图 1.38　设置以太网属性

　　采取同样的方法,关闭另一台虚拟机操作系统的防火墙。由于其中一台机器是对另一台机器进行克隆得到的,因此两台机器的主机名相同,需要修改主机的机器名,使它们不再相同。具体操作过程如下:右击桌面上的"计算机"图标,在弹出的对话框中选择"属性"选项,弹出图 1.46 所示的查看系统属性的对话框,在该对话框的"计算机名称、域和工作组设置"一栏中选择"改变设置"选项,弹出图 1.47 所示的"系统属性"对话框。

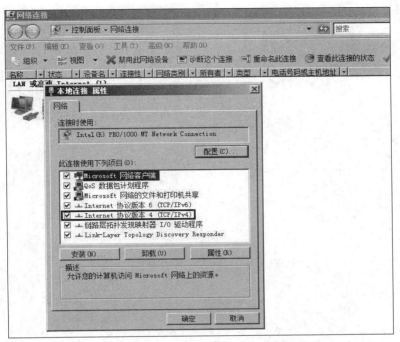

图 1.39　选择 Internet 协议版本 4(TCP/IPv4)

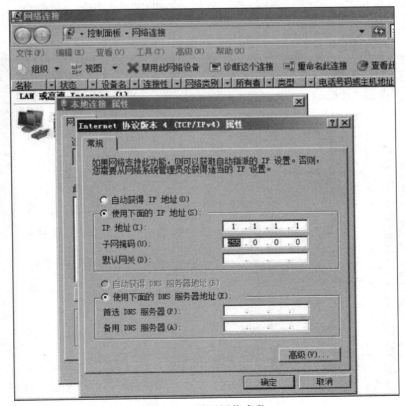

图 1.40　设置网络参数

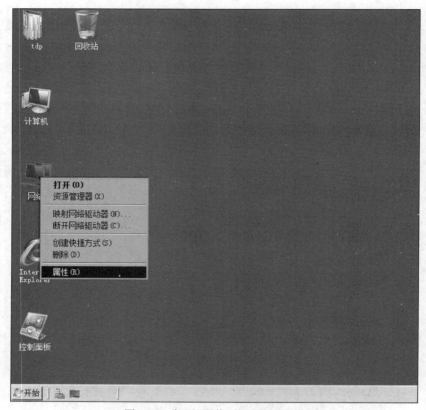

图 1.41　打开"网络"的"属性"选项

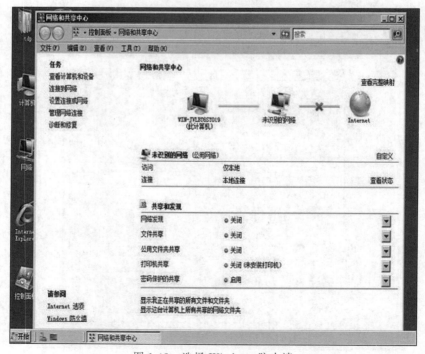

图 1.42　选择 Windows 防火墙

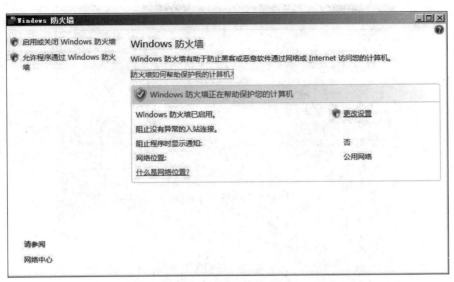

图 1.43　Windows 防火墙

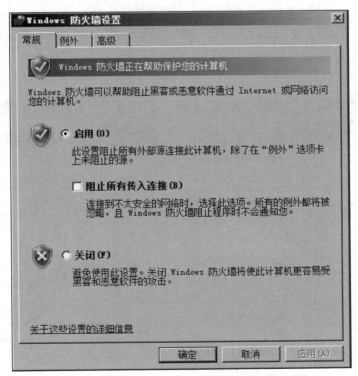

图 1.44　Windows 防火墙设置

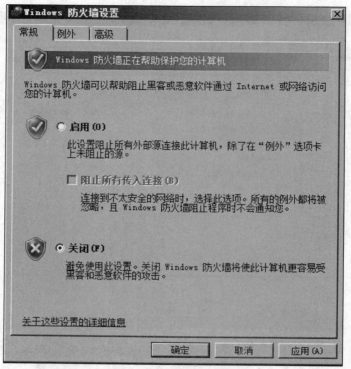

图 1.45 关闭防火墙

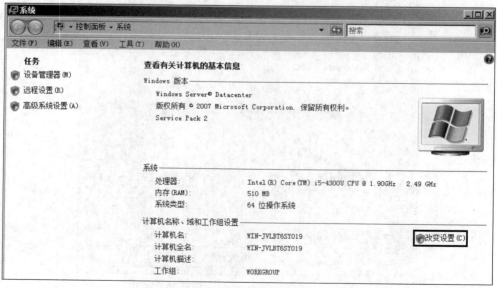

图 1.46 查看系统属性

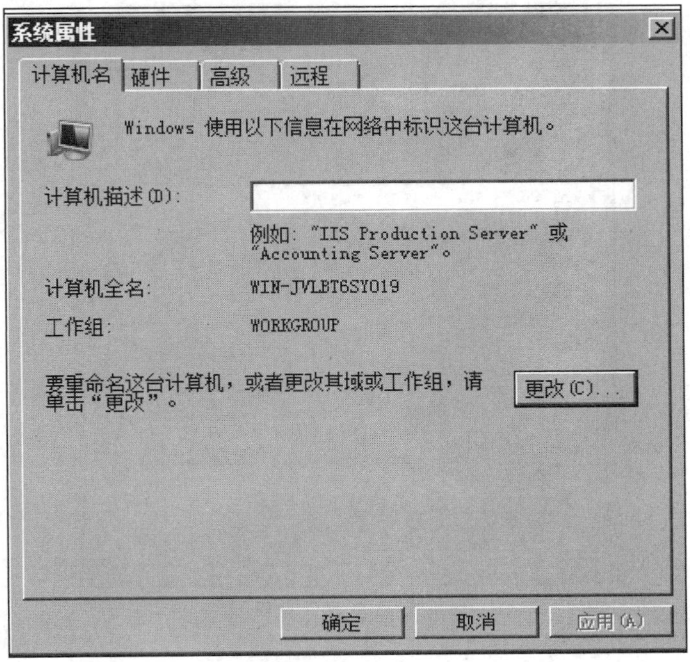

图 1.47　系统属性

在图 1.47 中单击"计算机名"下的"更改"按钮，弹出图 1.48 所示的"计算机名/域更改"界面。将计算机名更改为 win2008-1，如图 1.49 所示。单击"确定"按钮，重新启动计算机，计算机名更改成功。采取同样的方法更改另一台计算机的主机名为 win2008-2。

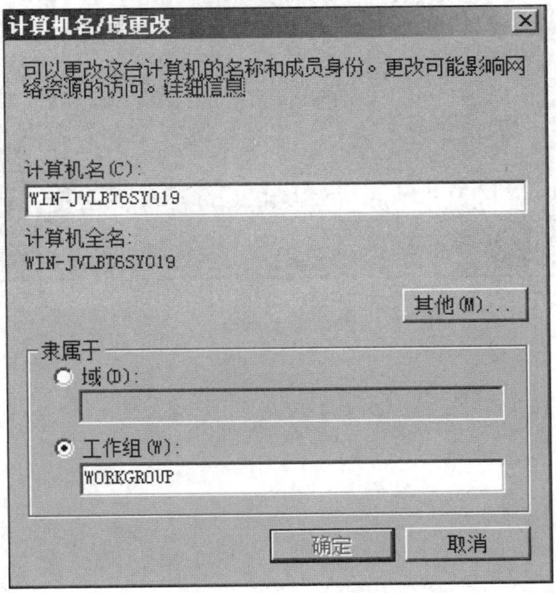

图 1.48　计算机名/域更改

最后测试两台计算机的连通性，从一台计算机 ping 另一台计算机，测试结果如图 1.50所示。结果表明两台虚拟机是连通的。

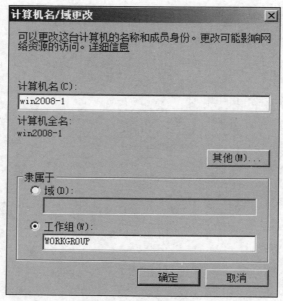

图 1.49　更改计算机名

图 1.50　测试连通性

第 2 章　数据通信基础

实验：常用网络命令

　　在搭建的虚拟仿真环境中练习测试网络中常见的命令。有些命令会在后面章节中提到，这里初步了解一下它们的使用即可。

　　为了更好地在虚拟机中练习各种常见的网络命令，将虚拟机桥接到当前主机所在的网络，即将虚拟机与当前主机所在的网络相连接，将虚拟机的网卡设置成桥接模式，具体操作过程如下：右击相应的虚拟机，在弹出的快捷菜单中选择"设置"选项，如图 2.1 所示。弹出图 2.2 所示的"虚拟机设置"对话框，在其中选择"硬件"下的"网络适配器"选项，在右边的"网络连接"选项中选择"桥接模式（B）：直接连接物理网络"，如图 2.3 所示，最后单击"确定"按钮。采取同样的方法将另一台虚拟机的网络适配器的网络连接方式设置成桥接模式。

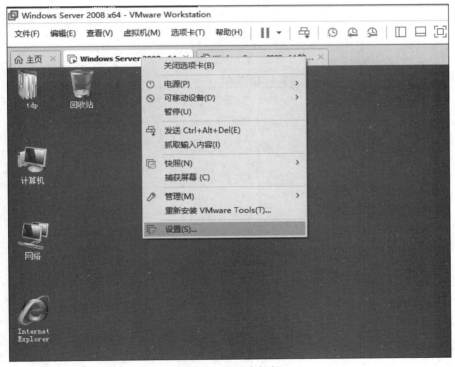

图 2.1　设置虚拟机

　　将虚拟机的网络参数设置成与当前主机所在的网络地址一致，通常情况下当前主机通过 DHCP 获得相应的网络参数，因此将虚拟机的网络参数设置成自动获得，即可获得当前网络的相关参数，实现将虚拟机与当前网络联网的目的。具体操作为：右击桌面上的"网络"，在弹出的快捷菜单中选择"属性"选项，接着在弹出的"网络和共享中心"对话框中选择

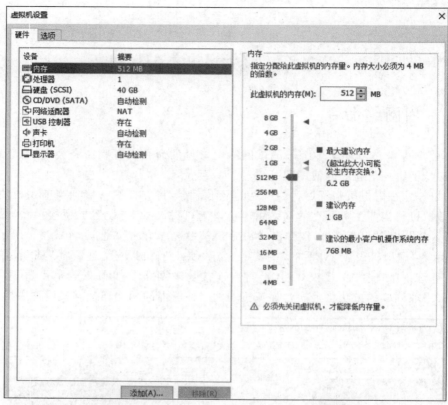

图 2.2　虚拟机设置

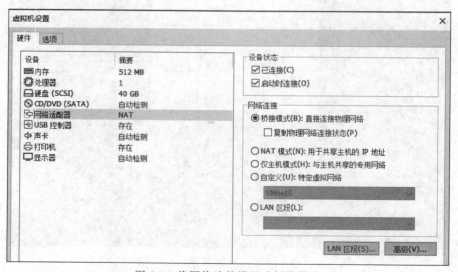

图 2.3　将网络连接设置成桥接模式

"管理网络连接"选项,在弹出的"网络连接"对话框中右击"本地连接"选项,在弹出的对话框中选择"属性"选项,在弹出的"本地连接 属性"对话框中选择"Internet 协议版本 4(TCP/IPv4)",然后单击"属性"按钮,在弹出的"属性"对话框中选择"自动获得 IP 地址(O)"以及"自动获得 DNS 服务器地址(B)",如图 2.4 所示。单击"确定"按钮,系统自动弹出图 2.5 所示的"设置网络位置"对话框,此时按照实际情况选择即可。

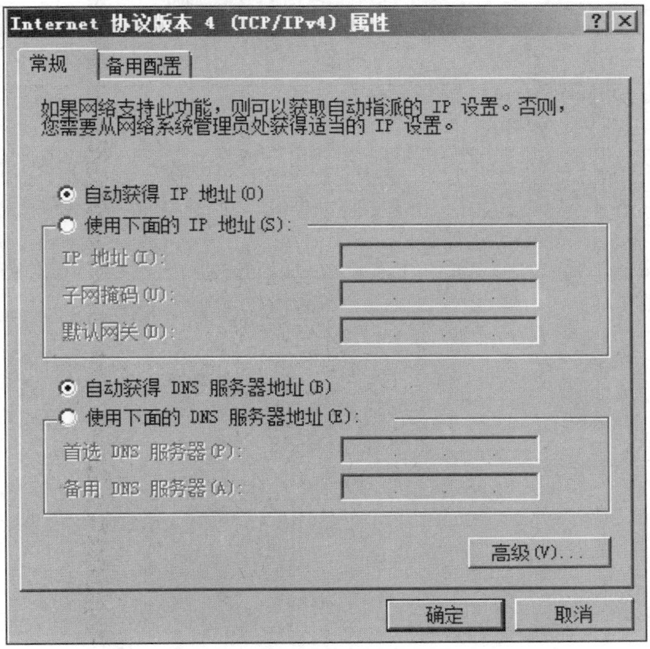

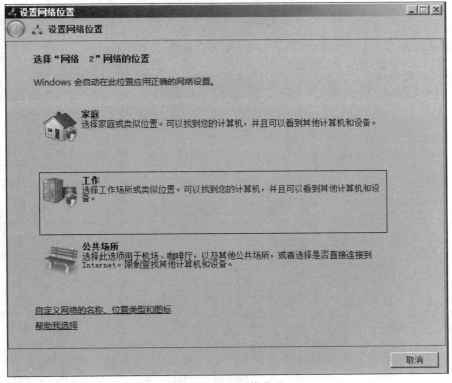

图 2.4　设置网络参数为自动获得

图 2.5　设置网络位置

接下来测试网络的连通性。通过浏览器访问百度网站（注意，在访问网站过程中，由于 Windows Server 2008 默认启用较高的安全级别，因此访问时需要将该网站添加到可信任网站中），访问结果如图 2.6 所示。采用同样的方法设置另一台虚拟机。

图 2.6　在虚拟机中访问 Internet

所有 DOS 命令的执行都在 cmd.exe 界面（图 2.7）下进行。进入该界面的方法如下：单击"开始"按钮，在弹出的快捷菜单中选择"运行"选项，在弹出的"运行"窗口中输入 cmd 命令，单击"确定"按钮。

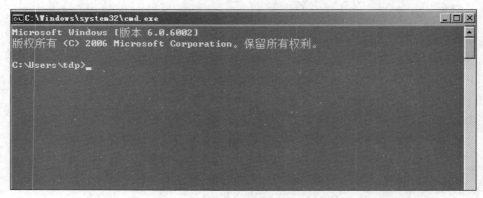

图 2.7　cmd.exe 界面

1. ipconfig 命令

ipconfig 实用程序可用于显示当前的 TCP/IP 设置值。对于手动设置的网络参数,可以通过 Windows 可视化的界面查看,但是如果终端计算机使用动态主机配置协议(DHCP)获得了相应的网络参数,通过可视化界面就查询不到相关的网络参数,此时可以使用 ipconfig 命令查看相应的网络参数,包括 IP 地址、子网掩码、默认网关以及 DNS 等。

常见 ipconfig 命令的使用如下。

1) ipconfig/?

使用 ipconfig/?可以查看 ipconfig 命令的具体参数及使用方法。图 2.8 所示为执行 ipconfig/?命令后的显示效果。

图 2.8　执行 ipconfig/?命令后的显示结果

2) ipconfig

使用不带任何参数选项的 ipconfig 命令时,显示每个已经配置接口的 IP 地址、子网掩码以及默认网关值。在虚拟机中执行 ipconfig 命令,结果如图 2.9 所示。

3) ipconfig/all

使用 all 参数时,ipconfig 显示所有配置的信息。图 2.10 为运行 ipconfig/all 命令后的显示结果。添加/all 参数查看的信息比单独执行 ipconfig 显示的信息多。

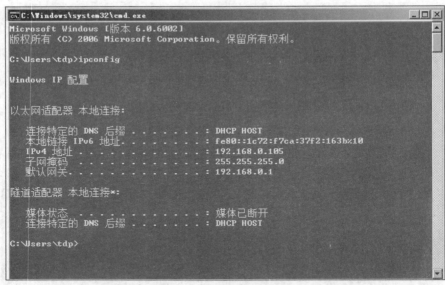

图 2.9　执行 ipconfig 命令后查看网络基本配置

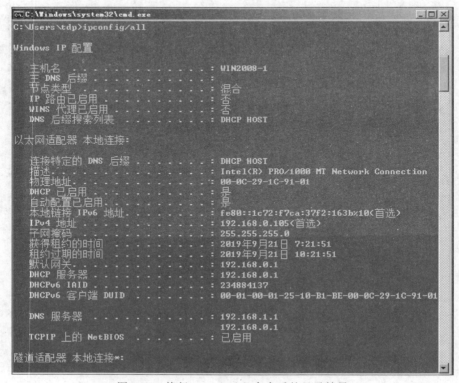

图 2.10　执行 ipconfig/all 命令后的显示结果

4）ipconfig/release 和 ipconfig/renew

ipconfig/release 和 ipconfig/renew 这两个附加参数只能在向 DHCP 服务器租用 IP 地址的计算机中使用。输入 ipconfig/release 命令，表明释放当前的网络参数配置，如图 2.11 所示。输入 ipconfig/renew 命令，则表明重新向 DHCP 服务器请求网络参数，即更新网络参数配置，如图 2.12 所示。

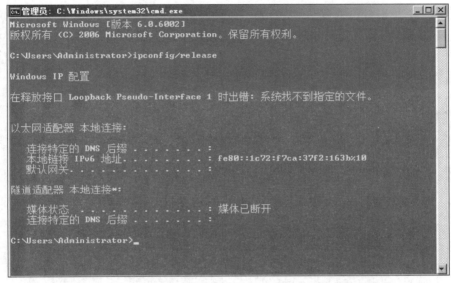

图 2.11　执行 ipconfig/release 命令释放当前的网络参数配置图

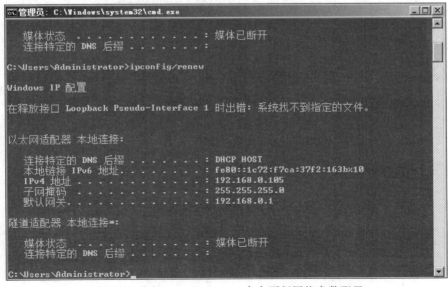

图 2.12　执行 ipconfig/renew 命令更新网络参数配置

2. ping 命令

ping 是一个使用频率极高的实用程序,主要用于确定网络的连通性,对确定网络是否正确连接以及了解网络连接的状况十分有用。

ping 命令通过发送 ICMP ECHO_REQUEST 数据包到网络主机,并显示响应情况,这样可根据输出的信息确定目标主机是否可访问(但这不是绝对的)。有些服务器为了防止通过 ping 探测到,通过防火墙设置了禁止 ping 或者在内核参数中禁止 ping,这样就不能通过 ping 确定该主机是否处于开启状态。ping 还能显示生存时间(time to live,TTL)值,通过 TTL 值可以推算数据包通过了多少个路由器。

1) ping /? 命令

该命令可查看 ping 命令的相关参数,如图 2.13 所示。

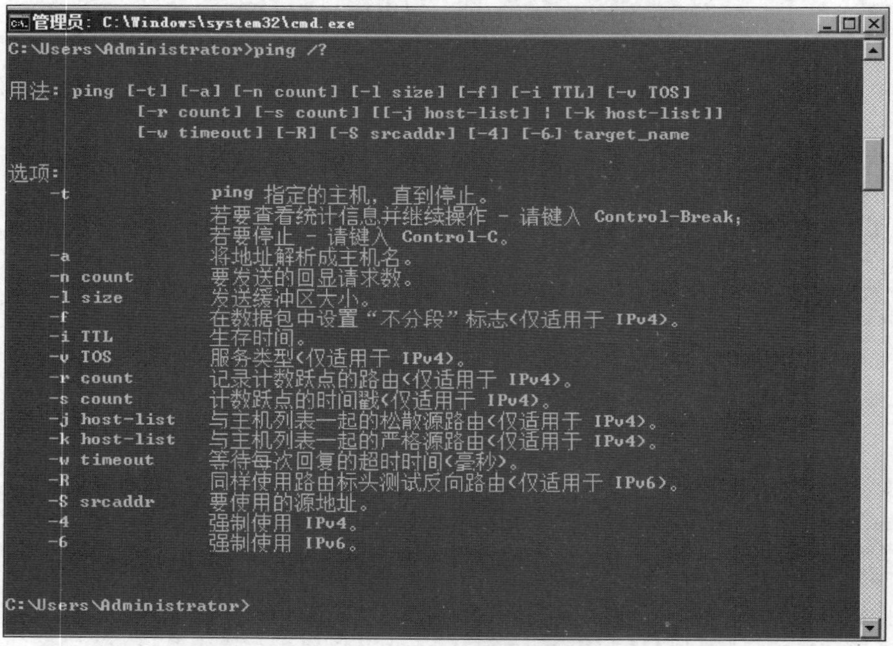

图 2.13 查看 ping 命令的相关参数

相关参数的使用说明如下。

-t: ping 指定的主机,直到停止。若要查看统计信息并继续操作,可按 Ctrl+Break 组合键;若要停止,可按 Ctrl+C 组合键。

-n count: 要发送的回显请求数,默认发送 4 个。

-l size: 发送缓冲区大小,默认发送的数据包大小为 32B。

-f: 在数据包中设置"不分段"标记(仅适用于 IPv4),数据包就不会被路由上的网关分段。

-i TTL: 生存时间,将"生存时间"字段设置为 TTL 指定的值。

-r count: 记录计数跃点的路由(仅适用于 IPv4),最多记录 9 个。

-w timeout: 等待每次回复的超时时间(毫秒)。

-4: 强制使用 IPv4。

-6：强制使用 IPv6。

2）ping IP 地址或主机名

使用 ipconfig/all 命令可以查看两台虚拟机的 IP 地址分别如下：主机名为 win2008-1 的主机 IP 地址为 192.168.0.105，主机名为 win2008-2 的主机 IP 地址为 192.168.0.103。

如图 2.14 所示，使用 ping 命令检查主机 win2008-1 到主机 win2008-2 的连通性。结果表明，共发送了 4 个测试数据包，正确接收到 4 个数据包，表明网络连通正常。

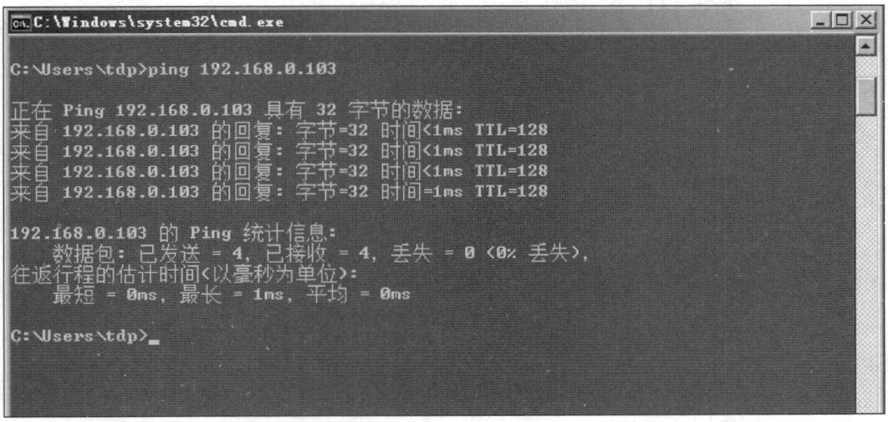

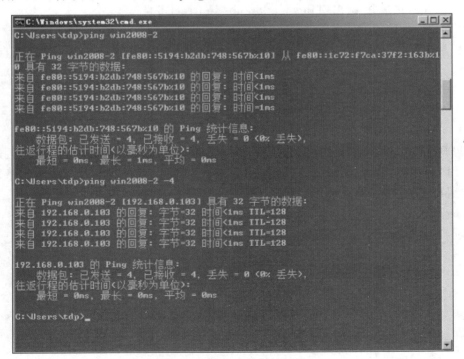

图 2.14　测试结果

除了 ping IP 地址外，还可以 ping 主机名。在主机 win2008-1 上 ping 主机 win2008-2，默认采用 IPv6，若采用 IPv4，则使用 ping win2008-2 -4 命令，结果如图 2.15 所示。

图 2.15　ping 主机名的情况

3）对 ping 后返回信息的分析

（1）ping 成功的结果分析。

图 2.14 所示为 ping 成功的情况，具体意思为：ping 命令用 32B（这是 Windows 默认发送的数据包大小，如要改变，则在后面加上"−l 数据包大小"）的数据包测试能否连接到 IP 地址为"192.168.0.103"的主机。TTL 的意思是生存时间，通过该值可以算出数据包经过了多少个路由器。同一个网段之间不经过路由器时 TTL 的默认值为 128（不同操作系统默认值不一样），经过一个路由时值减 1。

（2）request timed out。

意思是请求连接超时。出现该提示信息，表明网络存在以下几种可能性。

① 对方已关机，或者网络上根本没有这个地址。

② 对方与自己不在同一网段内，通过路由也无法找到对方，但有时对方确实是存在的。当然，即使不存在，也是返回超时的信息。

③ 对方确实存在，但设置了 ICMP 数据包过滤（如防火墙设置）。

④ IP 地址设置错误。

（3）destination host unreachable。

意思是目标主机不可达。出现该提示信息，表明网络存在以下几种可能性。

① 对方与自己不在同一网段内，而自己又未设置默认的路由。

② 网线出了故障。

这里要说明 destination host unreachable 和 time out 的区别，如果所经过路由器的路由表中具有到达目标的路由，而目标因为其他原因不可到达，则出现 time out；如果路由表中没有到达目标的路由，则出现 destination host unreachable。

（4）bad IP address。

意思是错误的 IP 地址，表示可能没有连接到 DNS，所以无法解析这个 IP 地址，也可能是 IP 地址不存在。

（5）source quench received。

表示对方或中途的服务器繁忙，无法回应。

（6）unknown host。

意思是不知主机名。若出现该出错信息，则该远程主机的名字不能被 DNS 转换成 IP 地址。故障原因可能是域名服务器有故障，或者其名字不正确，或者网络管理员的系统与远程主机之间的通信线路有故障。

3. arp 命令

地址转换协议（address resolution protocol，ARP）是 TCP/IP 协议族中的一个重要协议，用于确定对应 IP 地址的网卡物理地址。使用 arp 命令能够查看本地计算机或另一台计算机的 ARP 高速缓存中的当前内容。此外，使用 arp 命令可以手动设置静态的网卡物理地址与 IP 地址的对应关系。

按照默认设置，ARP 高速缓存中的项目是动态的。每当向指定地点发送数据并且此时高速缓存中不存在当前项目时，ARP 便会自动添加该项目。

常用的命令选项如下。

1）arp /?命令

执行 arp /?命令可以查看 arp 命令相关参数及参数的含义。执行 arp /?命令的结果如图 2.16 所示。

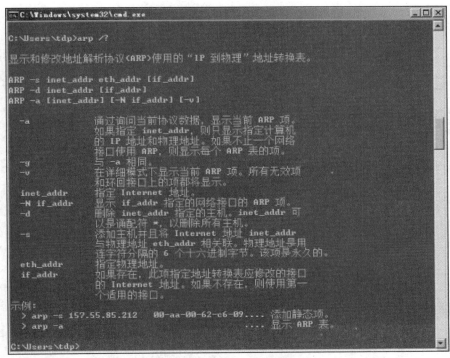

图 2.16　arp 命令的相关参数

2）arp -a

arp -a 命令用于查看 ARP 高速缓存中的所有项目。图 2.17 所示为主机 win2008-2 高速缓存中的项目。从图 2.17 中可以看到相应的 IP 地址与 MAC 地址的对应关系。

图 2.17　查看 ARP 高速缓存项目

3）arp -a IP

如果有多个网卡，那么使用 arp -a 加上接口的 IP 地址，就可以只显示与该接口相关的 ARP 缓存项目。

4) arp -s IP

向 ARP 高速缓存中手动输入一个静态项目。该项目在计算机引导过程中将保持有效状态。如执行命令 C:\Users\tdp>arp -s 192.168.0.1   dc-fe-18-37-0e-63,表明在本机 ARP 缓存中将 IP 地址为 192.168.0.1 的网关地址与其 MAC 地址 dc-fe-18-37-0e-63 绑定,防止由于 ARP 欺骗导致计算机不能访问互联网的问题。具体命令的执行如图 2.18 所示。

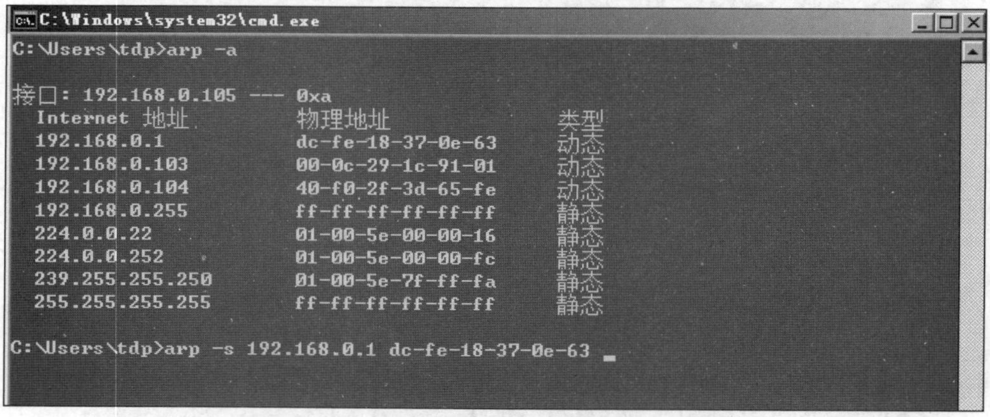

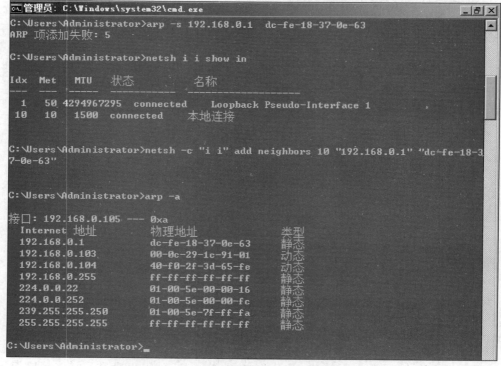

图 2.18　配置静态 ARP

使用 arp -s 命令绑定 MAC 地址与 IP 地址对应关系时,有时会出现"arp 项添加失败:5"的错误提示,可以使用图 2.19 所示的方法来绑定 MAC 地址与 IP 地址的对应关系。

图 2.19　地址绑定

5）arp -d IP

使用该命令能够手工删除一条静态项目。

4. tracert 命令

tracert 命令在不同的操作系统中不一样。在 Windows 操作系统中使用 tracert 命令，在 Linux 操作系统中使用 traceroute 命令，但它们的本质是相同的。tracert 命令用来测量数据包经过的路由情况，即用来显示数据包到达目的主机经过的路径。执行 tracert /?命令可查看 tracert 的相关网络参数，结果如图 2.20 所示。

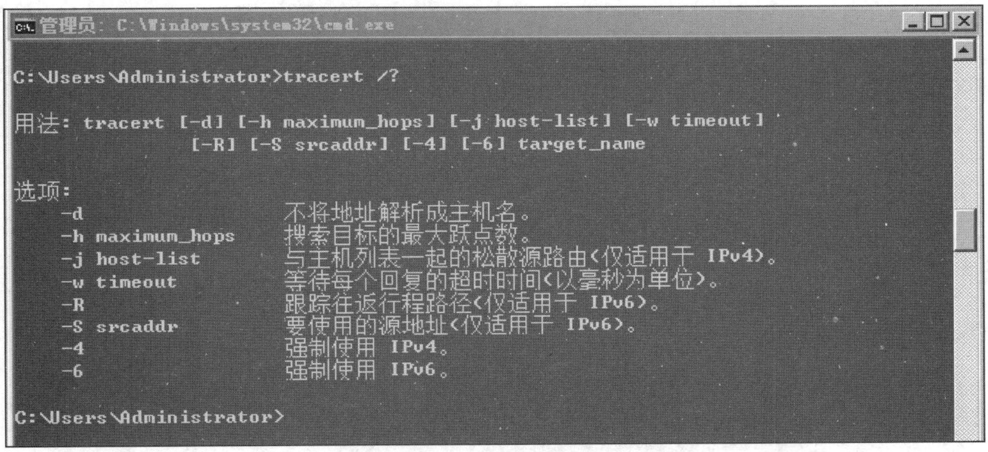

图 2.20　tracert 的相关参数

tracert 命令的基本用法是在命令提示符后输入 tracert host_name 或 tracert ip_address。图 2.21 所示为跟踪新浪网的结果。

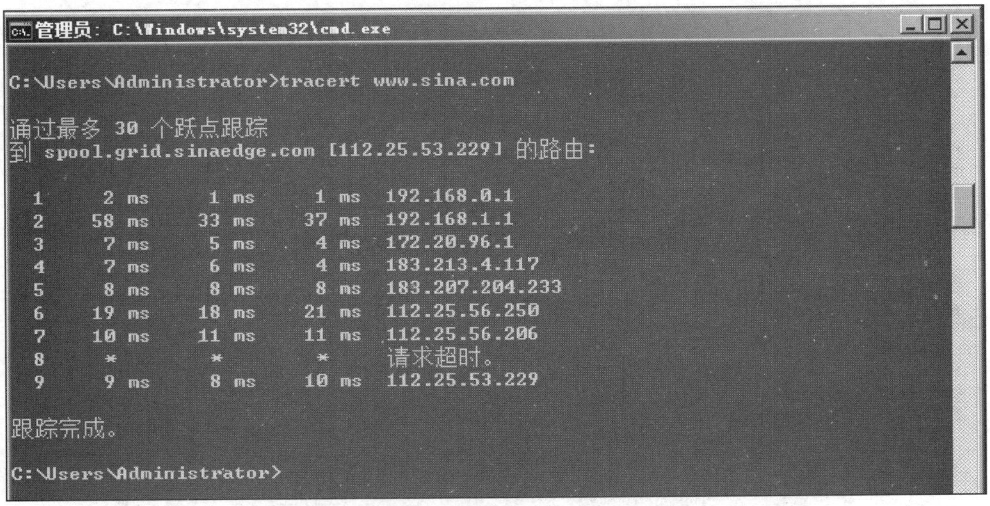

图 2.21　跟踪新浪网结果

输出有 5 列：第 1 列是描述路径第 n 跳的数值，即沿着该路径的路由器序号；第 2 列是第 1 次往返时延；第 3 列是第 2 次往返时延；第 4 列是第 3 次往返时延；第 5 列是路由器的名字及其输入端口的 IP 地址。

tracert 命令还可以用来查看网络在连接站点时经过的步骤或采取哪种路线,如果网络出现故障,就可以使用这条命令查看出现问题的位置。

5. route 命令

大多数主机一般都是只驻留在连接一台路由器的网段上。由于只有一台路由器,因此不存在选择使用哪台路由器将数据包发送到远程计算机上的问题,该路由器的 IP 地址可作为该网段上所有计算机的"默认网关"。

但是,当网络上拥有两个或多个路由器时,需要指明使用哪个路由器进行数据包的转发。实际上,可以让某些远程 IP 地址通过某个特定的路由器来传递,而其他的远程 IP 则通过另一个路由器传递。在这种情况下,用户需要相应的路由信息,这些信息存储在路由表中,每个主机和每个路由器都配有自己独一无二的路由表。大多数路由器使用专门的路由协议交换和动态更新路由器之间的路由表。但在有些情况下,需要人工将项目添加到路由器和主机上的路由表中。route 命令就是用来显示人工添加和修改路由表项目的。该命令可使用如下选项。

1) route /?命令

执行"route /?"命令可以查看 route 命令相关参数及参数的含义。执行"route /?"命令的结果如图 2.22 所示。

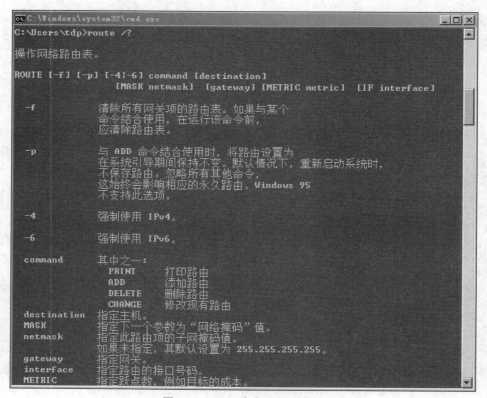

图 2.22　route 命令的相关参数

2) route print

该命令用于显示路由表中的当前项目,输出结果如图 2.23 所示。

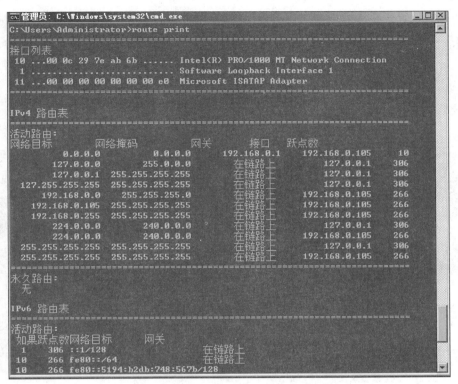

图 2.23　执行 route print 命令的结果

3) route add

使用该命令可以添加新的路由表项目。

例如，若要添加一个到目的网络 209.99.32.33 的路由，期间要经过 5 个路由器网段。首先要经过本地网络上的一个路由器 IP 为 202.96.123.5，子网掩码为 255.255.255.224，那么用户应该输入以下命令：

```
route add 209.99.32.33 mask 255.255.255.224 202.96.123.5 metric 5
```

添加路由条目通常在代理服务器上使用，由于代理服务器既要访问互联网，又要访问企业内部网络，因此既要添加到互联网的路由器条目，又要添加到企业内部网络的路由器条目。

4) route change

使用该命令可以修改数据的传输路由，但用户不能使用该命令改变数据的目的地。以下命令将刚才添加的路由改变为采用一条包含 3 个网段的路径，命令如下：

```
route change 209.99.32.33 mask 255.255.255.224 202.96.123.250 metric 3
```

5) route delete

使用该命令可以从路由表中删除路由，如 route delete 209.99.32.33 删除了刚才创建的路由条目。

6. nslookup 命令

nslookup 命令的功能是查询任何一台机器的 IP 地址和其对应的域名。它通常需要一台域名服务器提供域名解析。如果已经设置好了域名服务器,就可以用这个命令查看不同主机的 IP 地址和域名的对应关系。

(1) 在本地机上使用 nslookup 命令查看本机的 IP 及域名服务器地址。

直接键入 nslookup 命令,系统会返回本机的域名服务器名称(带域名的全称)和 IP 地址,并进入以">"为提示符的操作命令行状态;键入"?"可查询详细命令参数;若要退出,须输入 exit,如图 2.24 所示。

图 2.24　执行 nslookup 命令

(2) 查看域名为 www.baidu.com 的 IP,以及查看 IP 地址为 61.177.7.1 的域名,具体执行过程为:在提示符后输入要查询的 IP 地址或域名,如图 2.25 所示。

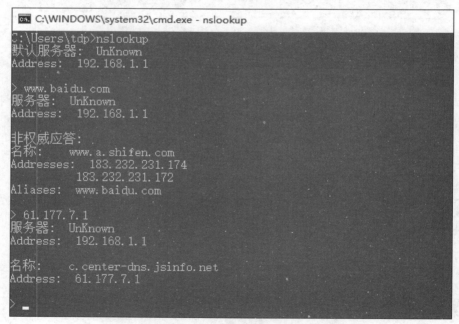

图 2.25　查看域名对应 IP 地址及 IP 地址对应域名

7. nbtstat 命令

使用 nbtstat 命令可以查看本计算机以及其他计算机上的网络配置信息。若查看本计算机的网络信息,执行 nbtstat -n 命令,可查看到计算机所在的工作组、计算机名以及网卡地址等信息;若查看网络上其他计算机的网络信息,执行 nbtstat -a IP address 命令,可以返回网络上其他主机的一些网络配置信息。

执行 nbtstat /?命令,可以查看 nbtstat 命令的相关参数及参数的含义。执行 nbtstat /?命令的结果如图 2.26 所示。

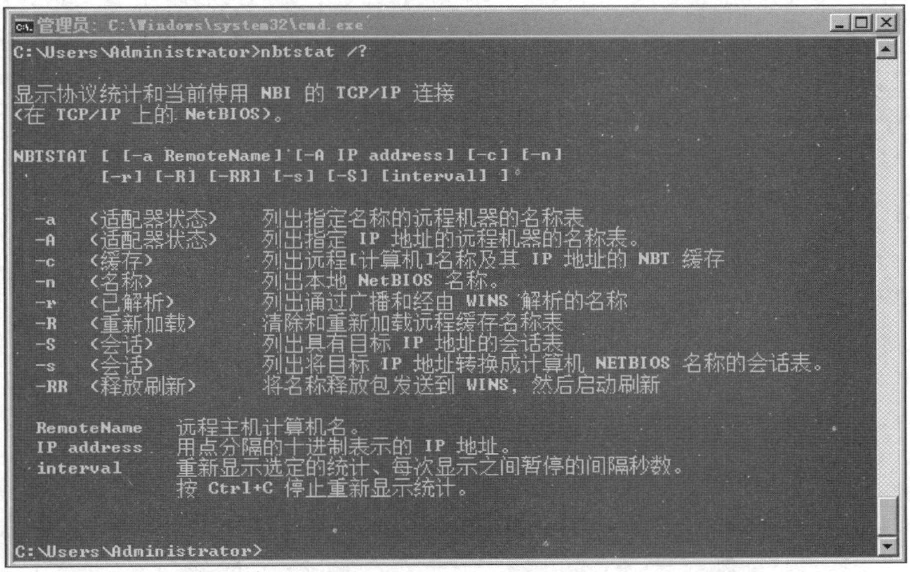

图 2.26　nbtstat 命令的相关参数

如执行 nbtstat -n 命令,可以查看本地计算机的 NetBIOS 名称,如图 2.27 所示。

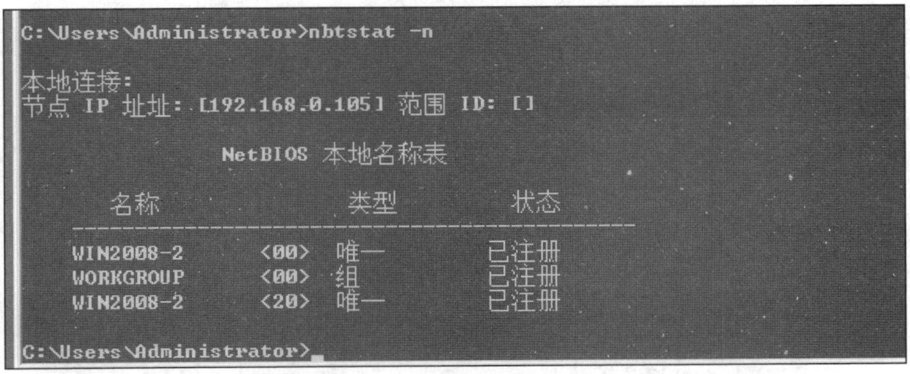

图 2.27　列出本地 NetBIOS 名称

8. netstat 命令

netstat 命令能够显示活动的 TCP 连接、计算机侦听的端口、以太网统计信息、IP 路由表、IPv4 统计信息(对于 IP、ICMP、TCP 和 UDP)以及 IPv6 统计信息(对于 IPv6、ICMPv6、通过 IPv6 的 TCP 以及 UDP)。如果使用时不带参数,则 netstat 显示活动的 TCP 连接。

1）netstat /?

执行 netstat /?命令，可以查看 netstat 命令的相关参数及参数的含义。执行 netstat /?命令的结果如图 2.28 所示。

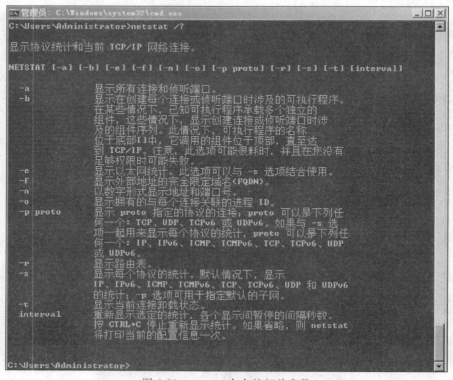

图 2.28　netstat 命令的相关参数

2）netstat -a

-a 选项显示所有的有效连接信息列表，包括已建立的连接（ESTABLISHED），也包括监听连接请求（LISTENING）的连接。

3）netstat -n

-n 选项显示以点分十进制形式的 IP 地址，而不是象征性的主机名和网络名，如图 2.29 所示。

图 2.29　netstat -n 显示结果

4）netstat -e

-e 选项用于显示以太网的统计数据。列出的项目包括传送数据包的总字节数、错误数、删除数、数据包的数量和广播的数量。这些统计数据既有发送的数据包数量，也有接收的数据包数量。使用这个选项可以统计一些基本的网络流量。

5）netstat -r

-r 选项可以显示关于路由表的信息，类似 route print 命令时看到的信息。-r 选项除显示有效路由外，还显示当前有效的连接，如图 2.30 所示。

图 2.30　命令 netstat -r 命令显示的结果

图 2.30 显示的是一个路由表，其中目的网络 0.0.0.0 表示不明网络，这是设置默认网关后系统自动产生的；127.0.0.0 表示本机网络地址，用于测试；224.0.0.0 表示组播地址；255.255.255.255 表示限制广播地址。

6）netstat -s

-s 选项能够按照各个协议分别显示其统计数据。这样就可以看到当前计算机在网络上存在哪些连接，以及数据包发送和接收的详细情况等。如果应用程序（如 Web 浏览器）运行速度比较慢，或者不能显示 Web 页之类的数据，就可以用本选项来查看所显示的信息。仔细查看统计数据的各行，找到出错的关键字，进而确定问题所在。图 2.31 为执行 netstat -s 命令的显示结果。

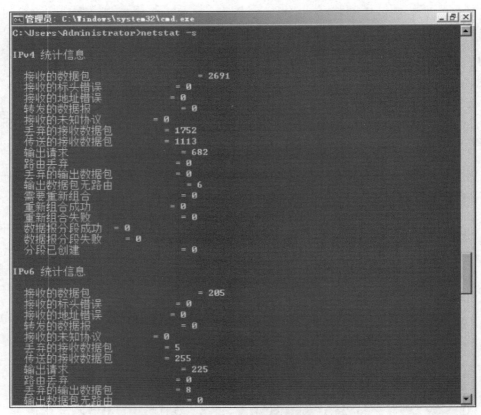

图 2.31 执行 netstat -s 命令显示的结果

9. net 命令

net 命令是很多网络命令的集合。在 Windows 中,很多网络功能都是以 net 命令开始,通过 net help 或 net /?命令可以看到这些命令的用法,如图 2.32 所示。表 2.1 列出了常见的 net 命令。

```
C:\Users\Administrator>net /?
此命令的语法是:

NET
    [ ACCOUNTS | COMPUTER | CONFIG | CONTINUE | FILE | GROUP | HELP |
      HELPMSG | LOCALGROUP | PAUSE | PRINT | SESSION | SHARE | START |
      STATISTICS | STOP | TIME | USE | USER | VIEW ]

C:\Users\Administrator>
```

图 2.32 net 命令的相关参数

表 2.1 常见的 net 命令

net view	net user	net use	net time	net start
net pause	net continue	net stop	net statistics	net share
net session	net send	net print	net name	net localgroup
net group	net file	net config	net computer	net accounts

1) net view

作用：显示域列表、计算机列表或指定计算机的共享资源列表。命令格式为 net view [\\computername | /domain[：domainname]]。键入不带参数的 net view 显示当前域的计算机列表；键入\\computername 指定要查看其共享资源的计算机；键入/domain[：domainname]指定要查看其可用计算机的域。

2) net user

作用：添加或更改用户账号或显示用户账号信息。命令格式为 net user [username [password | *] [options]] [/domain]。键入不带参数的 net user 查看计算机上的用户账号列表；键入 username 添加、删除、更改或查看用户账号名；键入 password 为用户账号分配或更改密码；键入/domain 在计算机主域的主域控制器中执行操作。

3) net use

作用：连接计算机或断开计算机与共享资源的连接，或显示计算机的连接信息。

命令格式为 net use [devicename | *] [\\computername\sharename[\volume]] [password| *][/user:[domainname\]username][[/delete]| [/persistent:{yes | no}]]。键入不带参数的 net use 列出网络连接；键入 devicename 指定要连接到的资源名称或要断开的设备名称；键入\\computername\sharename 设置服务器及共享资源的名称；键入 password 访问共享资源的密码；"*"提示键入密码；键入/user 指定进行连接的另外一个用户；键入 domainname 指定另一个域；键入 username 指定登录的用户名；键入/home 将用户连接到其宿主目录；键入/delete 取消指定网络连接；键入/persistent 控制永久网络连接的使用。

4) net start

作用：启动服务，或显示已启动服务的列表。命令格式为 net start service。

5) net pause

作用：暂停正在运行的服务。命令格式为 net pause service。

6) net continue

作用：重新激活挂起的服务。命令格式为 net continue service。

7) net stop

作用：停止网络服务。命令格式为 net stop service。

8) net statistics

作用：显示本地工作站或服务器服务的统计记录。命令格式为 net statistics [workstation | server]。键入不带参数的 net statistics 列出其统计信息可用的运行服务；workstation 显示本地工作站服务的统计信息；server 显示本地服务器服务的统计信息，如 net statistics server | more 显示服务器服务的统计信息。

9) net share

作用：创建、删除或显示共享资源。命令格式为 net share sharename=drive:path [/users:number | /unlimited] [/remark:"text"]。

10) net send

作用：向网络的其他用户、计算机或通信名发送消息。命令格式为 net send {name | * | /domain[:name] | /users} message。

第 3 章 物 理 层

实验 1：网线制作

网线制作过程大致有以下几个步骤：①认识工具和材料；②清楚网线制作标准；③制作网线；④测试制作好的网线。

1. 认识网线制作工具和材料

制作网线需要使用以下一些工具及材料：①网线（图 3.1）；②RJ-45 水晶头（图 3.2）；③压线钳（图 3.3）；④网线测试仪（图 3.4）。

　　　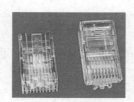　　　

图 3.1　网线　　　　　　图 3.2　RJ-45 水晶头　　　　　图 3.3　压线钳

2. 网线制作步骤

以制作 EIA/TIA-568B 直通线为例，整个制作过程有以下几个步骤：①剪断；②剥皮；③排序；④剪齐；⑤插入；⑥压制。具体制作过程如下。

（1）剪断网线，如图 3.5 所示。

（2）剥皮，如图 3.6 所示。

图 3.4　网线测试仪　　　　图 3.5　剪断网线　　　　　图 3.6　剥皮

（3）排序，如图 3.7 所示。

按照 EIA/TIA-T568B 的顺序排序。具体线序如下：白橙、橙、白绿、蓝、白蓝、绿、白棕、棕。

（4）剪齐网线，如图 3.8 所示。

把每根线都理直后，再使用压线钳剪齐，使得露在保护层皮外的网线长度约为 1.5cm。

（5）将网线插入水晶头，如图 3.9 所示。

图 3.7　排序　　　　　图 3.8　剪齐网线　　　　图 3.9　将网线插入水晶头

右手手指掐住线，左手拿水晶头，将塑料弹簧片朝下，把网线插入水晶头。注意：务必把外层的皮插入水晶头内，否则水晶头容易松动。图 3.10 为不标准的做法。

在水晶头末端检查网线插入的情况，如图 3.11 所示，要求每根线都要能紧紧地顶在水晶头的末端。

（6）压制所有网线，如图 3.12 所示。

图 3.10　不标准的做法　　图 3.11　在水晶头的末端检查插入情况　　图 3.12　压制所有网线

在水晶头中完全插入所有网线，用力压紧，能听到"咔嚓"声，可重复压制多次。

（7）测试。

将做好的网线两头分别插入网线测试仪中，并启动开关，如图 3.13 所示，如果两边的指示灯同步亮，则表示网线制作成功。

网线制作注意事项如下。

① 剥线时不可太深、太用力，否则容易把网线剪断。

② 一定把每根网线捋直，排列整齐。

③ 把网线插入水晶头时，8 根线头中的每一根都要紧紧地顶到水晶头的末端，否则可能不通。

④ 捋线时不要太用力，以免把网线捋断。

图 3.13　测试

实验 2：Packer Tracer 模拟仿真工具简介

1. Packet Tracer 简介

Packet Tracer 是 Cisco 公司发布的一款辅助学习软件，为学习网络课程的初学者提供设计、配置、排除网络故障的模拟环境。使用者可以在软件的图形界面上直接使用拖曳的方法建立网络拓扑结构，提供数据包在网络传输过程中详细的处理过程，观察网络实时运行情况。通过该软件，学习者可以部分验证计算机网络的工作原理。下面简单介绍该软件的使用过程。

1）软件的安装

下面以 Packet Tracer 5 为例介绍其安装过程。Packet Tracer 5 的安装非常方便，通过安装提示单击 Next 按钮即可按照默认配置完成安装，具体安装过程如图 3.14～图 3.21 所示。

图 3.14　欢迎安装界面

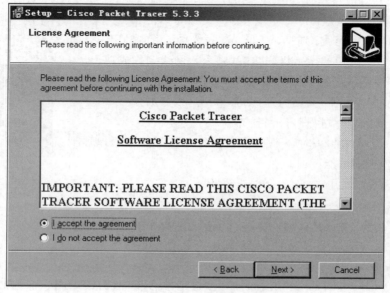

图 3.15　同意许可协议

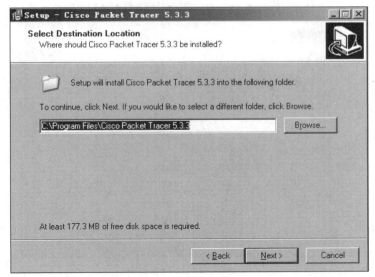

图 3.16 选择安装目录

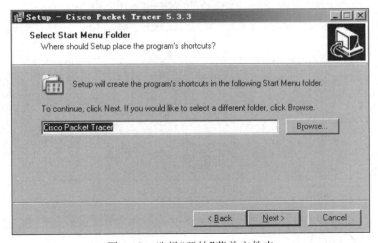

图 3.17 选择"开始"菜单文件夹

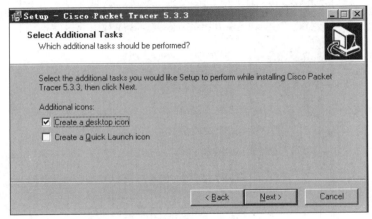

图 3.18 选择附加任务

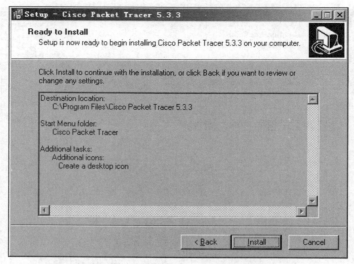

图 3.19　单击 Install 按钮开始安装

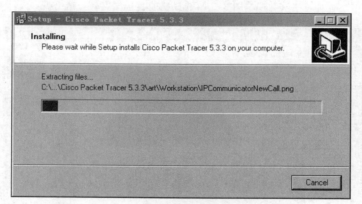

图 3.20　安装进行中

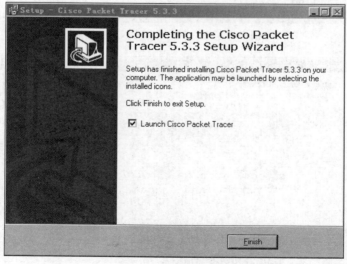

图 3.21　完成安装

通过"开始"菜单可以找到软件的安装位置,如图 3.22 所示。软件运行界面如图 3.23所示。

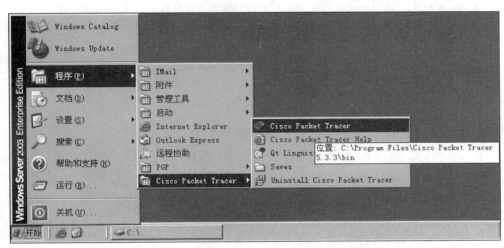

图 3.22 通过"开始"菜单找到软件安装位置

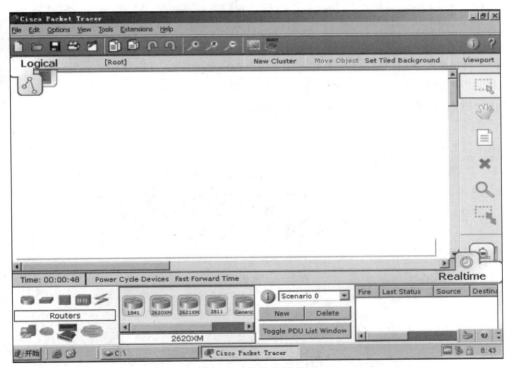

图 3.23 软件运行界面

2) 软件界面介绍

软件界面大致分为 4 个区域,分别为菜单栏区、视图区、设备区以及工作区,如图 3.24所示。

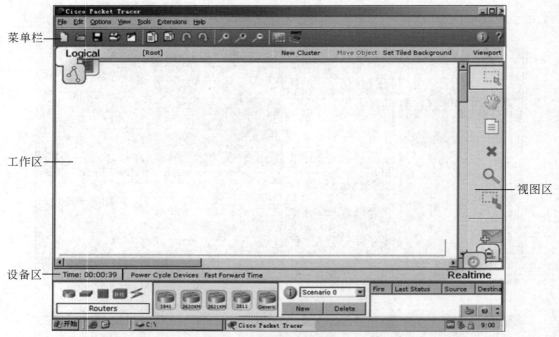

图 3.24　软件界面区域分布

（1）菜单栏区。

菜单栏区比较简单,功能类似其他应用软件,包括新建、打开、保存、打印、活动向导、复制、粘贴、撤销、重做、放大、重置、缩小、绘图调色板以及自定设备对话框。

（2）视图区。

视图区各图标的含义如图 3.25 和图 3.26 所示。

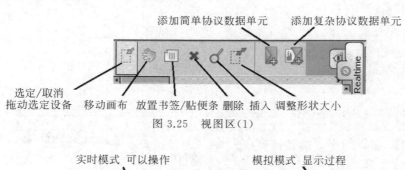

图 3.25　视图区(1)

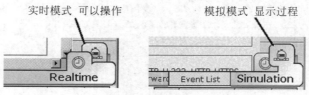

图 3.26　视图区(2)

（3）设备区。

图 3.27 右边为路由器的不同型号情况。图 3.28、图 3.29、图 3.30 分别表示交换机的不同型号、集线器的不同型号以及无线设备的不同型号情况。

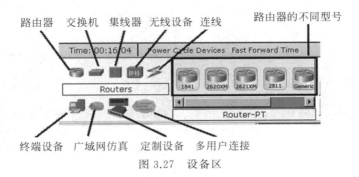

图 3.27 设备区

图 3.28 交换机的不同型号

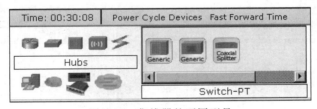

图 3.29 集线器的不同型号

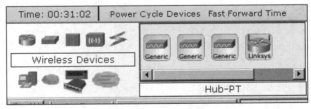

图 3.30 无线设备的不同型号

连线具体情况如图 3.31 所示。

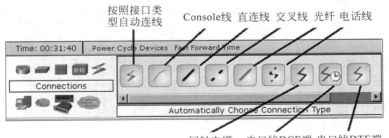

图 3.31 连线具体情况

终端设备具体情况如图 3.32 所示。

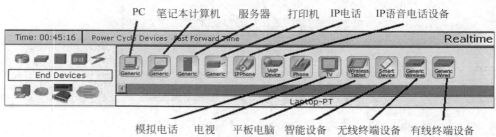

图 3.32　终端设备具体情况

3）在工作区添加网络设备及终端设备构建计算机网络

（1）在设备区选择组网需要的网络设备，并将其拖曳到工作区。

首先选择组网需要的路由器，具体操作为：在设备区中选择路由器，在右边窗口显示可以使用的路由器种类。选择需要的型号，将其拖曳到工作区，现在拖曳 3 台 2811 到工作区，如图 3.33 所示。

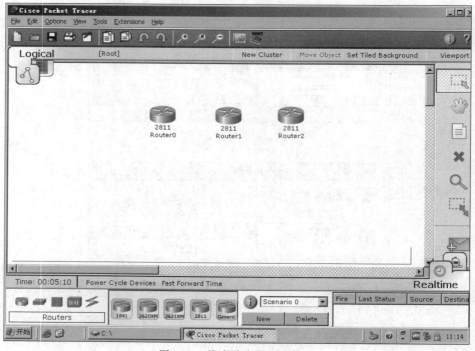

图 3.33　拖曳路由器到工作区

其次选择交换机，具体操作为：在设备区中选择交换机，右边窗口显示可以使用的交换机种类。选择需要的型号，将其拖曳到工作区，根据网络需要选择，现在拖曳 2 台 2960 到工作区，如图 3.34 所示。

接下来选择终端设备到工作区，具体操作为：在设备区中选择终端设备，右边窗口显示可以使用的终端设备种类。选择需要的终端设备，将其拖曳到工作区，根据网络需要选择，现在拖曳 2 台计算机到工作区，如图 3.35 所示。

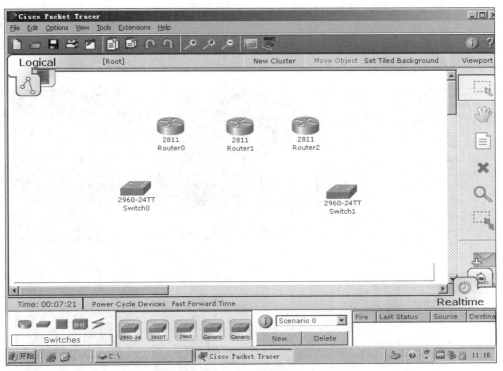

图 3.34　拖曳交换机到工作区

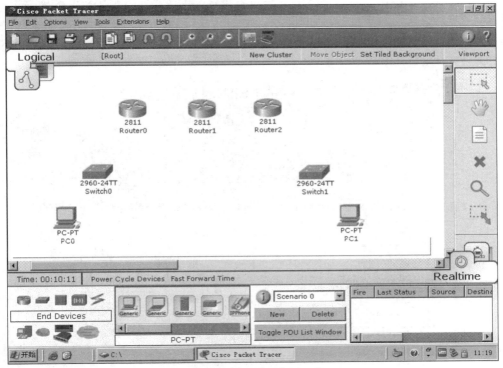

图 3.35　拖曳终端设备到工作区

（2）探讨设备可视化界面。

首先探讨路由器的可视化界面情况。单击设备图标，弹出设备可视化界面。图 3.36 为路由器可视化界面，图 3.37 为路由器物理结构界面，图 3.38 为路由器可视化配置界面，图 3.39 为路由器命令行配置界面。

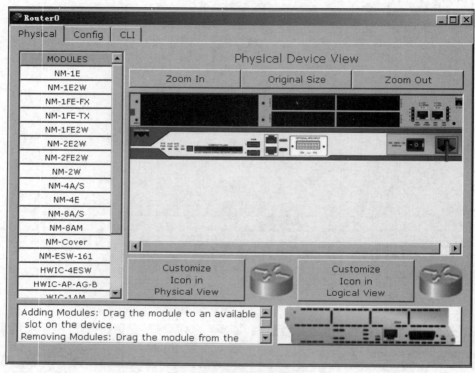

图 3.36　路由器可视化界面

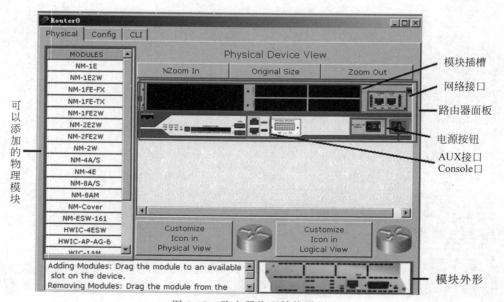

图 3.37　路由器物理结构界面

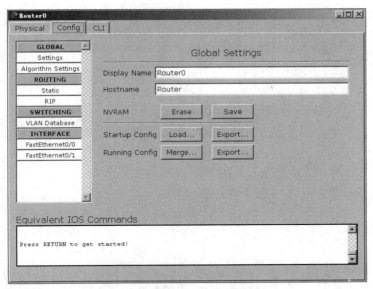

图 3.38 路由器可视化配置界面

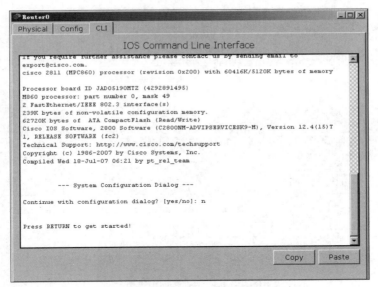

图 3.39 路由器命令行配置界面

其次探讨交换机可视化界面。图 3.40 为交换机可视化物理界面,图 3.41 为交换机可视化物理配置界面,图 3.42 为交换机可视化命令行配置界面。

接着探讨终端设备可视化界面。图 3.43 为终端计算机可视化界面图,图 3.44 为终端计算机可视化配置界面,图 3.45 为终端计算机桌面配置选项,图 3.46 为终端计算机可视化网络参数设置界面。

(3) 将设备使用传输介质连接起来。

路由器与路由器要通过广域网串口连接起来,需要有相应的网络接口。由于默认 2811 路由器没有串口模块,因此需要在 2811 路由器上添加串口模块,添加模块的过程如下。

① 单击 2811 路由器,弹出路由器可视化配置界面,如图 3.47 所示。

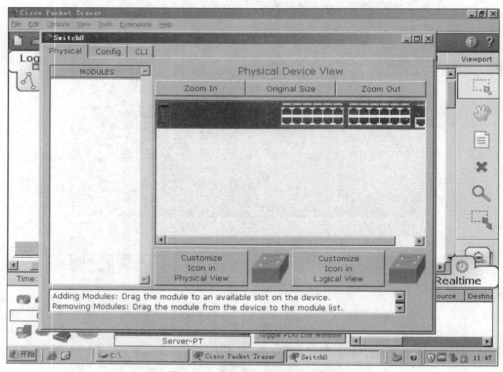

图 3.40　交换机可视化物理界面

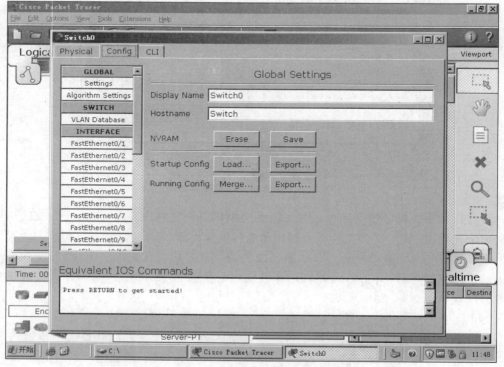

图 3.41　交换机可视化物理配置界面

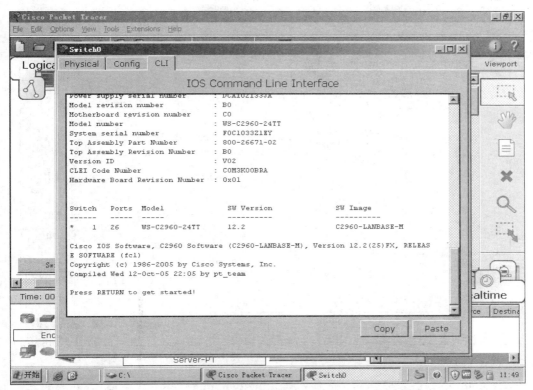

图 3.42 交换机可视化命令行配置界面

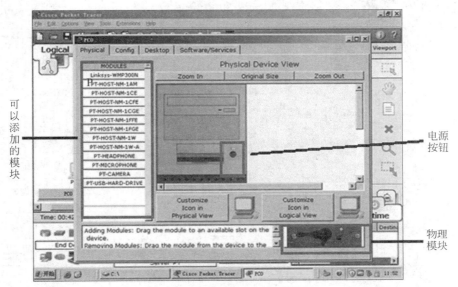

图 3.43 终端计算机可视化界面

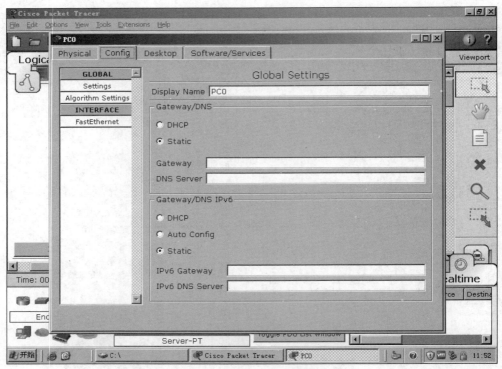

图 3.44 终端计算机可视化配置界面

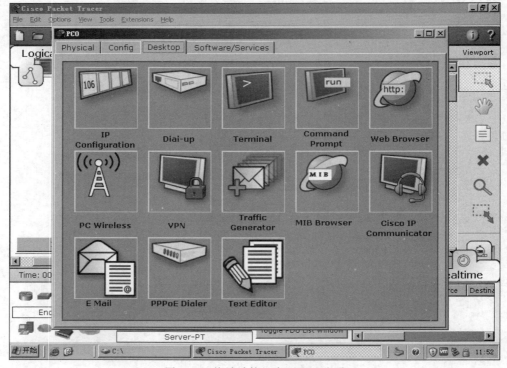

图 3.45 终端计算机桌面配置选项

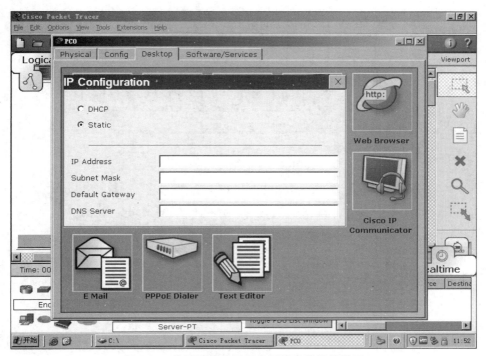

图 3.46　终端计算机可视化网络参数设置界面

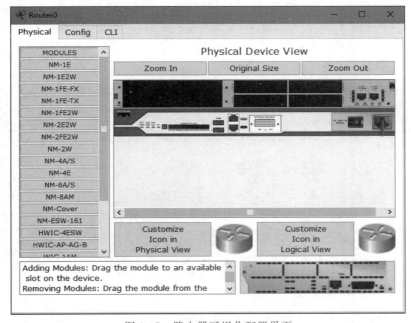

图 3.47　路由器可视化配置界面

② 关闭路由器的电源开关,使路由器处于断电状态。

③ 选择左边 Physical 窗口中的 WIC-2T 模块。WIC-2T 接口卡是一款模块接口卡,是个两端口串行广域网接口卡,支持 V.35 接口。拖动该接口卡到路由器上,插入相应的位置。单击电源开关,打开电源,结果如图 3.48 所示。

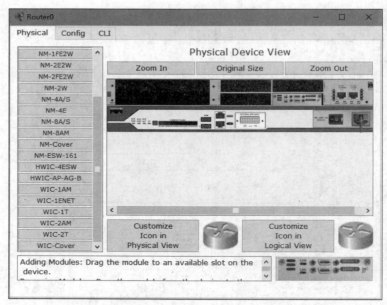

图 3.48　插入模块界面

　　采用同样的方法将其他两台路由器添加到相应的模块。将终端计算机与交换机相连的
过程如下。

　　首先选择连接线缆类型。由于终端计算机与交换机之间相连使用直通线,因此选择直
通线,单击线缆类型中的直通线,然后在终端计算机上单击,选择 Fastethernet,如图 3.49 所
示,接着在交换机上单击,弹出可以连接的交换机的接口,如图 3.50 所示。选择一个接口,
单击,将终端计算机与交换机相连,如图 3.51 所示。

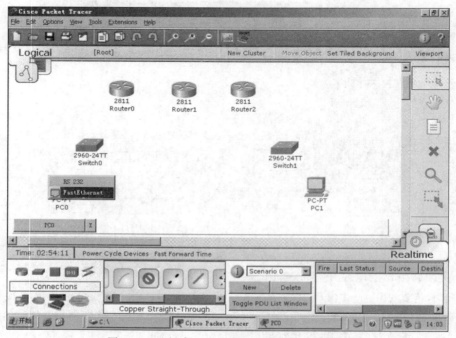

图 3.49　选择直通线连接终端计算机与交换机

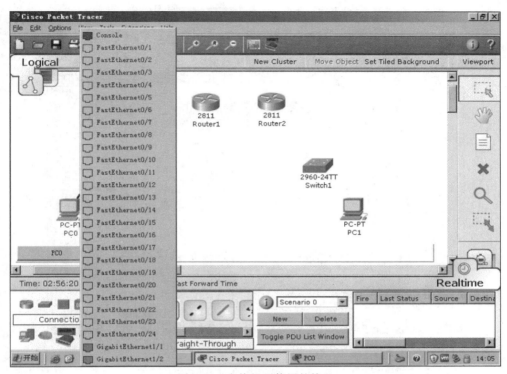

图 3.50 交换机可使用的接口

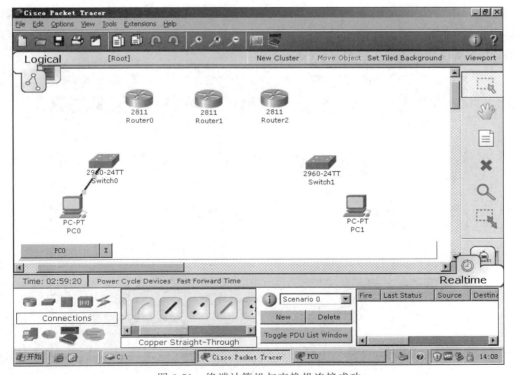

图 3.51 终端计算机与交换机连接成功

同样,将交换机与路由器通过 Fastethernet 接口相连,如图 3.52 所示。

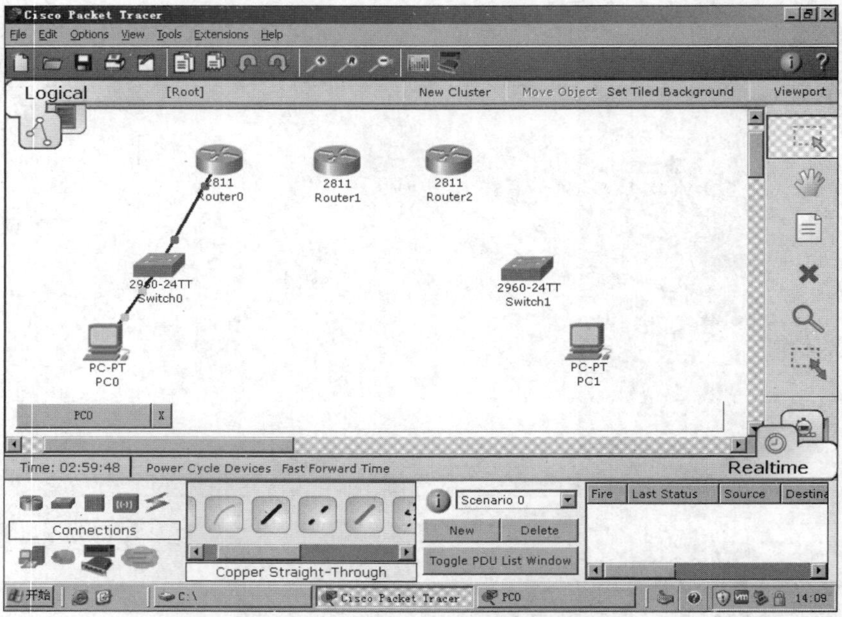

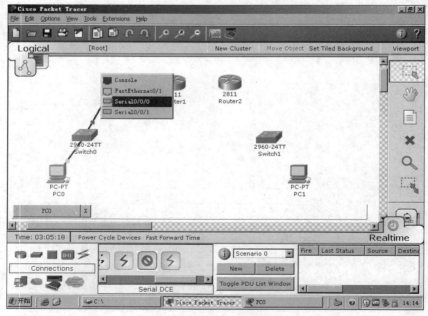

图 3.52　交换机与路由器连接成功

接着将路由器与路由器通过串口连接起来,具体操作如下。

首先选择线缆类型为路由器的串口 DCE 端或 DTE 端,在路由器上单击,在弹出的快捷菜单中选择串口类型,如图 3.53 所示。在另一台路由器上单击,在弹出的快捷菜单中同样选择串口,这样两台路由器就通过串口连接起来了。采用同样的方法连接其他路由器与路由器,如图 3.54 所示。

图 3.53　选择路由器串口

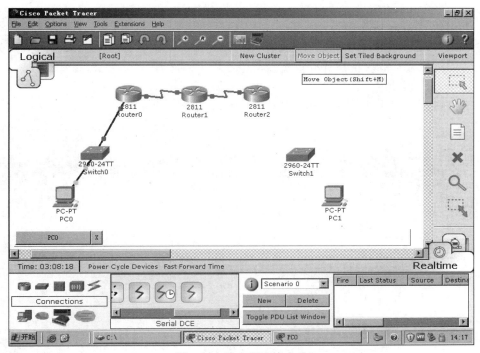

图 3.54　路由器连接成功

采用同样的方法将其他设备连接起来,最终效果如图 3.55 所示。

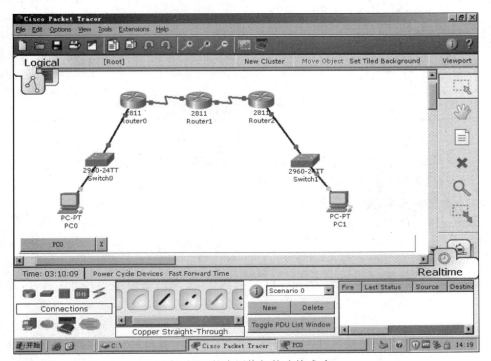

图 3.55　整个网络拓扑连接成功

这样,在物理上将网络设备进行了互联。

2. Packet Tracer 仿真实例

Packet Tracer 有多个不同的版本,基本操作区别不大,这里以 Packet Tracer 7.0 为例。

1) 在 Packet Tracer 仿真软件上搭建两台计算机的网络(P2P 方式)

具体操作过程如下。

(1) 运行 Packet Tracer 仿真软件,如图 3.56 所示。

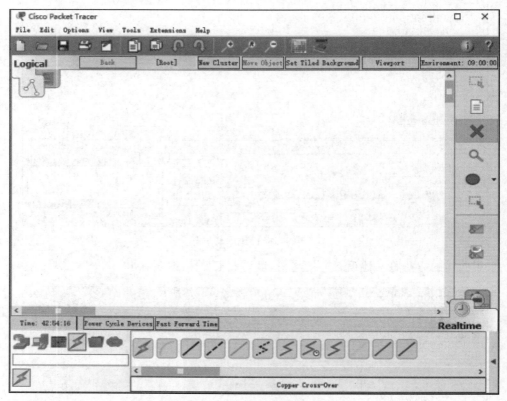

图 3.56　运行 Packet Tracer 软件

(2) 选择"设备区"中"终端设备"中的 PC,将其拖曳到工作区,如图 3.57 所示。

(3) 同样拖曳另一台 PC 到工作区,如图 3.58 所示。

(4) 选择合适的双绞线,将两台计算机相连。

由于两台 PC 联网属于同种设备相连的情况,因此选择交叉线,具体操作为:选择"连线"图标,在显示的各种连线种类中选择"交叉线",然后在 PC0 上单击,弹出选择接口类型的快捷菜单,如图 3.59 所示。

选择 PC0 的网络接口 Fastethernet0,单击 PC1,在弹出的快捷菜单中选择网络接口 Fastethernet0。至此两台计算机通过交叉线物理上进行了连接,结果如图 3.60 所示。

(5) 测试网络的连通性。

为了验证两台计算机的联网状况,需要在两台计算机上设置相关的网络参数。如图 3.61 所示,为 PC0 设置 IP 地址以及子网掩码,具体操作如下:单击 PC0,在弹出的快捷菜单中单击 IP Configuration,再在弹出的对话框中配置网络参数。

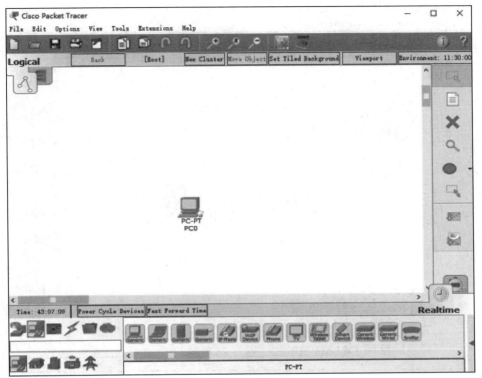

图 3.57　拖曳 PC 到工作区

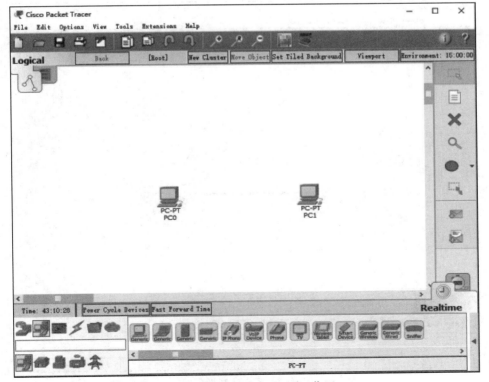

图 3.58　拖曳另一台 PC 到工作区

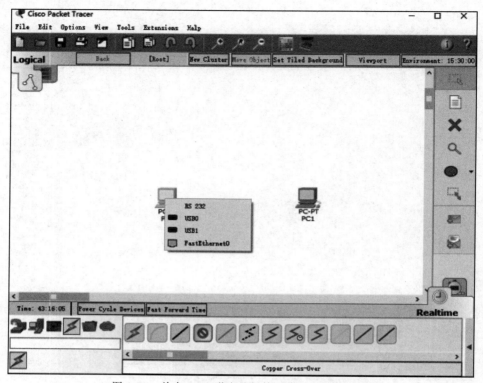

图 3.59　单击 PC0，弹出选择接口类型的快捷菜单

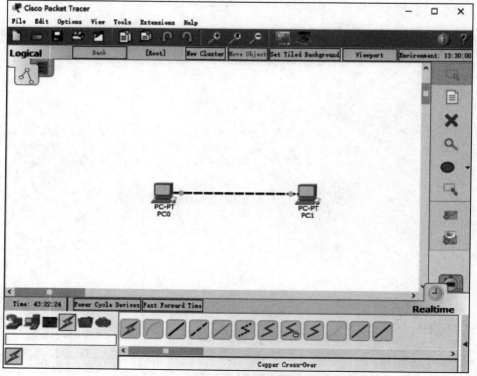

图 3.60　两台计算机联网

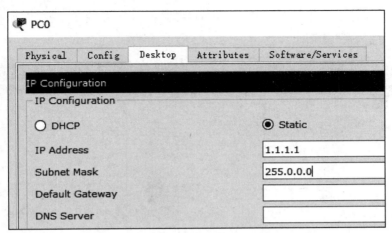

图 3.61　配置网络参数

同样配置另一台计算机的网络参数为"IP 地址 1.1.1.2,子网掩码 255.255.255.0"。通过 ping 命令测试网络连通性,具体操作为:单击 PC0,在弹出的快捷菜单中单击 Command Prompt,接下来执行测试命令 ping,测试结果如图 3.62 所示。

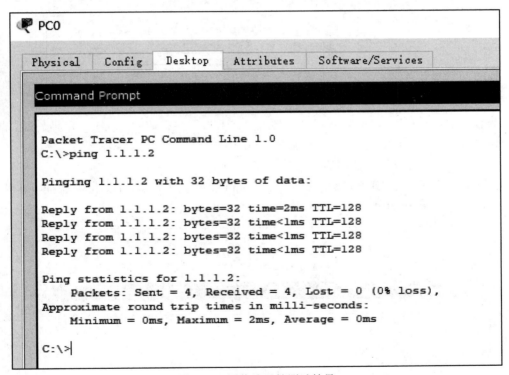

图 3.62　网络连通性测试结果

2) 在 Packet Tracer 仿真软件上搭建两台计算机的网络(C/S 方式)

为了更加直观地观察两台计算机联网的效果,利用 Packet Tracer 搭建 C/S 方式的网络,通过客户端计算机访问服务器端计算机的相关服务,达到联网测试的效果。具体操作过程如下。

（1）选择终端设备区中的 PC-PT 和 Server-PT 各一台，拖曳到工作区，如图 3.63 所示。

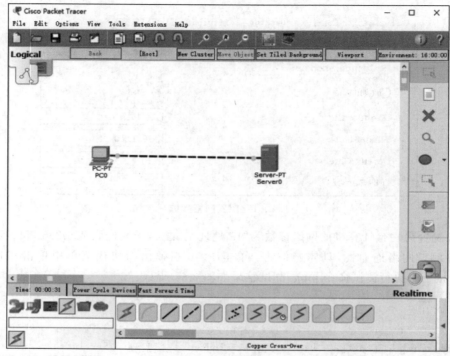

图 3.63　C/S 方式的网络拓扑

（2）为客户端及服务器端配置网络参数。

为客户端计算机配置网络参数为"IP 地址 1.1.1.1，子网掩码 255.0.0.0"，为服务器端配置网络参数为"IP 地址 1.1.1.100，子网掩码 255.0.0.0"。

（3）在客户端计算机上访问服务器端 Web 服务。

打开客户端 Web 浏览器，操作过程如下：单击客户端计算机，在弹出的快捷菜单中选择 Desktop，再单击 Web Browser，弹出图 3.64 所示的对话框。

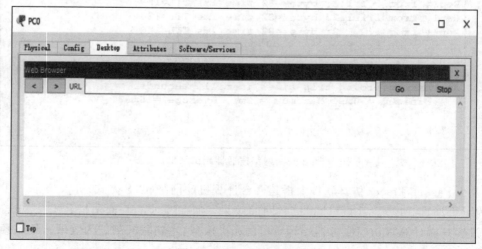

图 3.64　打开浏览器窗口

在浏览器窗口中输入 URL 地址 1.1.1.100,即可打开网页。如图 3.65 所示,结果表明两
台计算机联网成功。

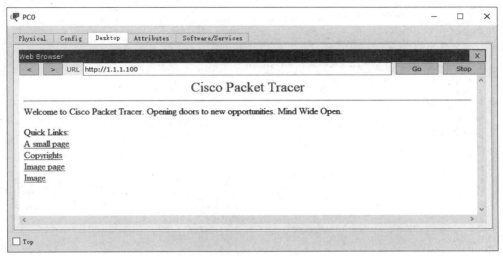

图 3.65　访问服务器 Web 网页效果

在 Packet Tracer 仿真软件中,可以通过修改服务器端的网页内容在客户端同步更新。
修改网页内容的过程如下:单击服务器,在弹出的快捷菜单中选择 Services 菜单,在其中选
择 HTTP 选项,结果如图 3.66 所示。

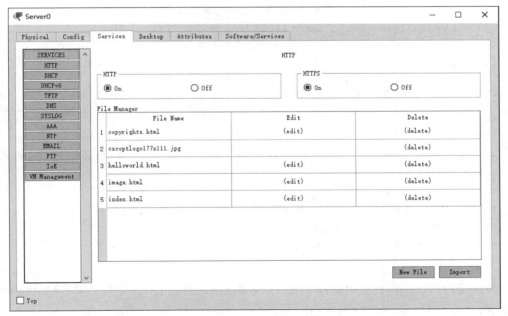

图 3.66　HTTP 编辑对话框

在图 3.66 中单击 index.html 文件的"edit"按钮,弹出图 3.67 所示的对话框。其中显示
的是网页主文件 index.html 的 html 代码,修改该代码可以改变网页内容。

原始的网页 HTML 代码如下。

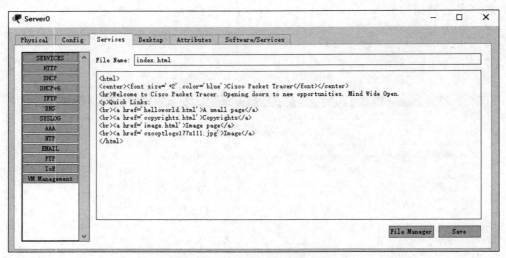

图 3.67 index.html 编辑对话框

```
<html>
<center><font size='+2' color='blue'>Cisco Packet Tracer</font></center>
<hr>Welcome to Cisco Packet Tracer. Opening doors to new opportunities. Mind Wide
Open.
<p>Quick Links:
<br><a href='helloworld.html'>A small page</a>
<br><a href='copyrights.html'>Copyrights</a>
<br><a href='image.html'>Image page</a>
<br><a href='cscoptlogo177x111.jpg'>Image</a>
</html>
```

修改后的 HTML 代码如下。

```
<html>
<center><font size='+2' color='blue'>Wellcome to my web! </font></center>
<hr>Welcome to my web. You can get a full understanding of me through this website.
<p>Quick Links:
<br><a href='my hobby'>My hobby</a>
<br><a href='my home'>My home</a>
<br><a href='my life'>My life</a>
<br><a href='cscoptlogo177x111.jpg'>Image</a>
</html>
```

修改后的网页在客户端浏览器中的显示效果如图 3.68 所示。实践证明,网页内容发生了改变,充分说明两台机器联网成功。

3) 在 Packet Tracer 仿真软件上搭建三台计算机的网络

三台计算机联网需要交换设备,具体过程如下。

(1) 在 Packet Tracer 仿真软件的设备区选择一台交换机,将其拖曳到工作区,如图 3.69 所示。

图 3.68　修改后的网页

图 3.69　选择一台交换机

（2）选择三台终端计算机，接下来通过直通线将其与交换机相连。将三台终端计算机相互连接，如图 3.70 所示。由于交换机的端口性质相同，因此连线时可以选择任意交换机的端口。

（3）为三台计算机配置网络参数，实现计算机之间的互联互通。

4）在 Packet Tracer 仿真软件上搭建 30 台机器的机房网络

由于 Packet Tracer 仿真软件中仿真的交换机接口数量（如 2960 交换机共有 24 个 Fastethernet 端口，以及 2 个 Gigabitethernet 端口）不能满足 30 台计算机的联网需求，因此

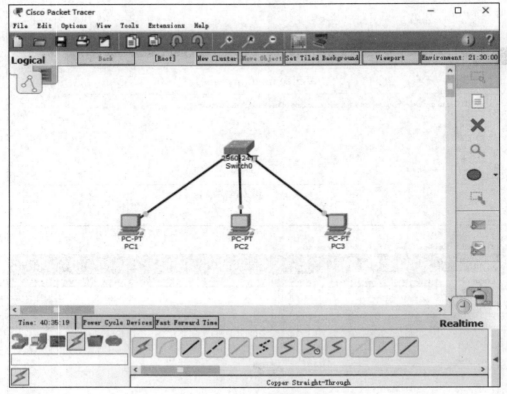

图 3.70　三台计算机联网

需要两台交换机。交换机与交换机之间用交叉线(这里使用千兆口)相连,计算机与交换机之间用直通线相连,最终联网效果如图 3.71 所示。

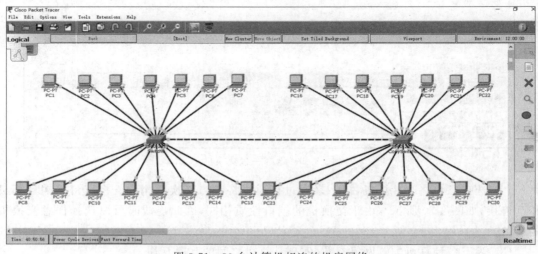

图 3.71　30 台计算机相连的机房网络

第4章 数据链路层

实验1：Packet Tracer 仿真 PPP 抓包实验

1. 仿真环境拓扑设计及地址规划

构建图 4.1 所示的网络拓扑结构图，在该网络环境中可以同时实现以太网帧以及 PPP 帧。在该网络拓扑结构中，主机 PC1 和路由器 R1 的 f0/0 接口之间传输以太网帧，路由器 R1 的 s0/0/0 接口和路由器 R2 的 s0/0/0 接口之间传输 PPP 帧，路由器 R2 的接口 f0/0 和主机 PC2 之间传输以太网帧。路由器实现了异构网络的互联。

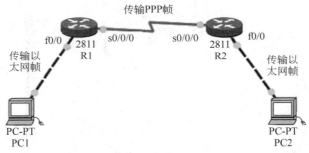

图 4.1　DIX V2 以太网帧以及 PPP 帧仿真拓扑结构图

该网络拓扑结构的地址规划如表 4.1 所示。

表 4.1　网络地址规划

设备名称	IP 地址	
R1	f0/0:192.168.1.1/24	s0/0/0:192.168.3.1/24
R2	f0/0:192.168.3.1/24	s0/0/0:192.168.2.2/24
PC1	IP:192.168.1.10/24	默认网关 192.168.1.1
PC2	IP:192.168.3.10/24	默认网关 192.168.3.1

2. 配置网络，实现网络互联互通

该网络拓扑由 3 个网段组成，主机 PC1 和路由器 R1 之间传输以太网帧，网络地址为 192.168.1.0；路由器 R1 与 R2 之间的数据链路层使用串口相连封装 PPP 的广域网，传输 PPP 帧，网络地址为 192.168.2.0；路由器 R2 和主机 PC2 之间传输以太网帧，网络地址为 192.168.3.0。利用路由器实现异构网络的互联，若要网络互联互通，需要配置接口的 IP 地址，将路由器的串口封装 PPP，最后在路由器上执行动态路由器协议。具体配置如下。

首先配置路由器 R1，代码如下。

```
R1>enable                          //进入特权模式
R1#configure terminal              //进入全局配置模式
```

```
R1(config)#interface serial 0/0/0                        //进入路由器 R1 的 s0/0/0 口
R1(config-if)#ip address 192.168.2.1 255.255.255.0       //为接口配置 IP 地址
R1(config-if)#clock rate 64000                           //为接口配置时钟频率
R1(config-if)#encapsulation ppp                          //配置接口封装 PPP 协议
R1(config-if)#no shu                                     //激活接口
R1(config-if)#exit                                       //退出
R1(config)#interface fastEthernet 0/0                    //进入路由器 f0/0 接口
R1(config-if)#ip address 192.168.1.1 255.255.255.0       //为接口配置 IP 地址
R1(config-if)#no shu                                     //激活接口
R1(config-if)#exit                                       //退出
R1(config)#route rip                                     //路由器执行 RIP 路由协议
R1(config-router)#network 192.168.1.0                    //宣告网段
R1(config-router)#network 192.168.2.0                    //宣告网段
```

按照同样的步骤对路由器 R2 做相应的配置,配置路由器 R2 的接口 IP 地址,开启路由器动态路由协议 RIP,将路由器 s0/0/0 接口封装成 PPP,主要配置如下。

```
R2>enable                                                //进入特权模式
R2#configure terminal                                    //进入全局配置模式
R2(config)#route rip                                     //路由器执行路由协议 RIP
R2(config-router)#network 192.168.2.0                    //宣告网段
R2(config-router)#network 192.168.3.0                    //宣告网段
R2(config-router)#exit                                   //退出
R2(config)#interface serial 0/0/0                        //进入路由器接口 s0/0/0
R2(config-if)#encapsulation ppp                          //配置接口封装 PPP 协议
```

最后,按照表 4.1 配置主机相关网络参数。配置完后,整个网络就互联互通了。

3. 仿真实现 PPP 帧

路由器 R1 与 R2 之间传输数据链路层协议数据单元为 PPP 帧,通过展开 R1 到 R2 的 PDU Information at Device R2 在 Inbound PDU Details 中得到 PPP 帧结构,如图 4.2 所示。首部由 1B 值为 0x7E 的标志字段 FLG、1B 值为 0xFF 地址字段 ADR、1B 值为 0x03 的控制字段 CTR 以及 2B 值为 0x0021 的协议字段 PROTOCOL 组成,该值表明信息字段为 IP 数据报。尾部由 FCS 和 FLG 字段组成。

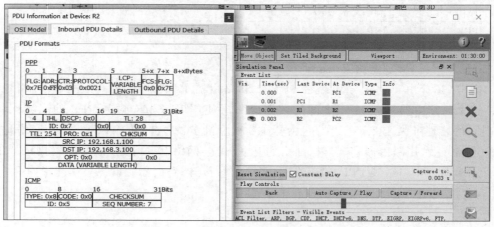

图 4.2　PPP 帧结构仿真图

实验 2：利用 Wireshark 抓取 GNS3 仿真的 PPP 帧

1. Wireshark 的介绍及安装

Wireshark(其前身为 Ethereal)是一个网络封包分析软件。网络封包分析软件的功能是撷取网络封包，并尽可能显示出最为详细的网络封包资料。Wireshark 使用 WinPCAP 作为接口，直接与网卡进行数据报文交换。

1) Wireshark 的安装

Wireshark 的安装过程如图 4.3～图 4.12 所示。

图 4.3 双击安装程序进入安装欢迎界面

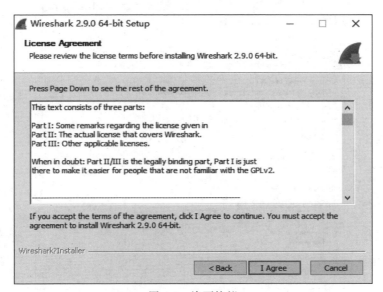

图 4.4 许可协议

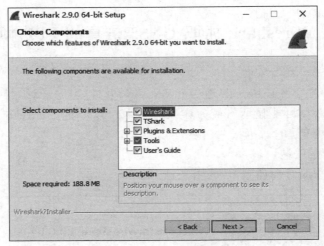

图 4.5　选择安装项目

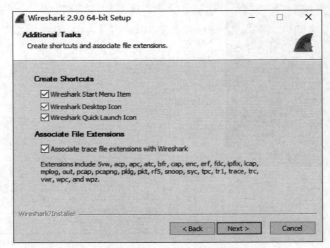

图 4.6　创建快捷方式并关联文件扩展名

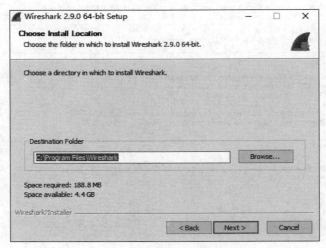

图 4.7　选择安装路径

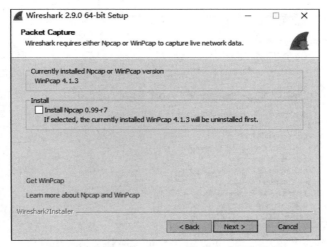

图 4.8 选择安装 NPCAP 捕获实时网络数据

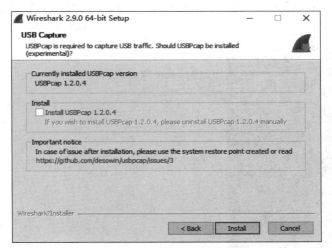

图 4.9 选择安装 USBPCAP

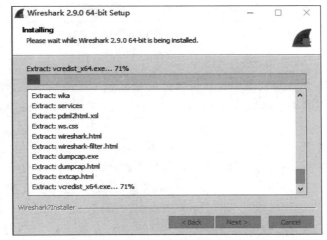

图 4.10 正在安装中

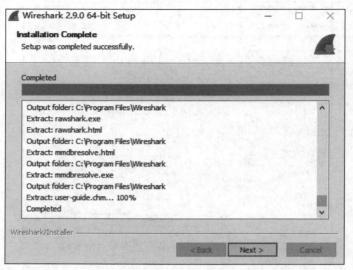

图 4.11　安装完成

图 4.12　单击 Finish 按钮最终完成安装

2）抓取报文

运行 Wireshark，在接口列表中选择需要抓取数据包的网络接口名，然后开始在此接口上抓包。若要在无线网络上抓取流量，可单击无线接口。单击 Capture Options 可以配置高级属性。

单击网络接口名之后，可以看到实时接收的报文。Wireshark 会捕捉系统发送和接收的每个报文。如果抓取的接口是无线且选取混合模式，可以看到网络上的其他报文。

整个显示界面，上部分的每一行对应一个网络报文，默认显示报文接收时间（相对开始抓取的时间点）、源和目标 IP 地址、使用协议和报文相关信息。单击某一行，在下面的窗口中可看到更多信息。"＋"图标显示报文里每一层的详细信息。底端窗口同时以十六进制和 ASCII 码的形式显示报文内容，如图 4.13 所示。

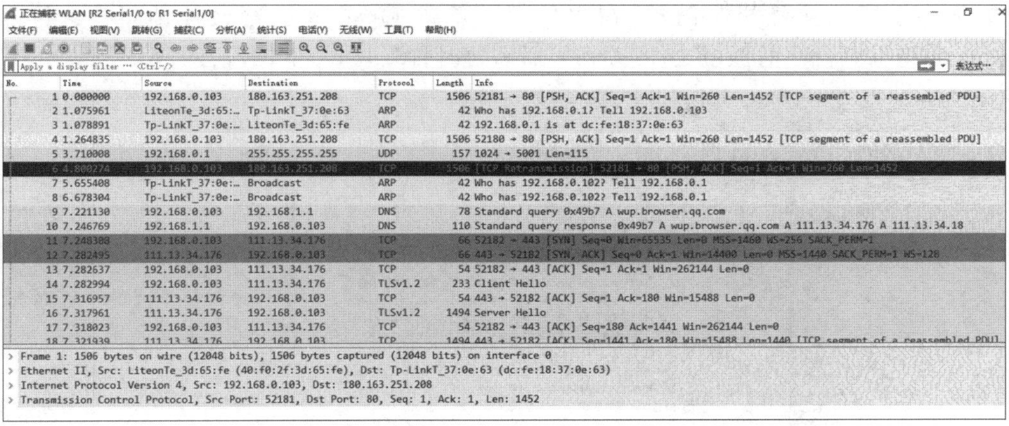

图 4.13 抓取数据包的界面

需要停止抓取报文时，按左上角的停止键即可，如图 4.14 所示。

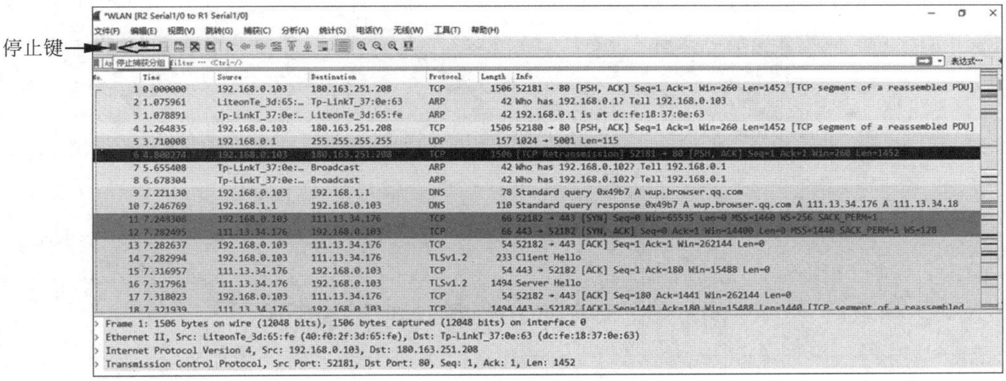

图 4.14 按停止键停止抓包

Wireshark 通过颜色让各种流量的报文一目了然。例如，默认的绿色是 TCP 报文，深蓝色是 DNS，浅蓝色是 UDP，黑色标识出有问题的 TCP 报文，如图 4.15 所示。

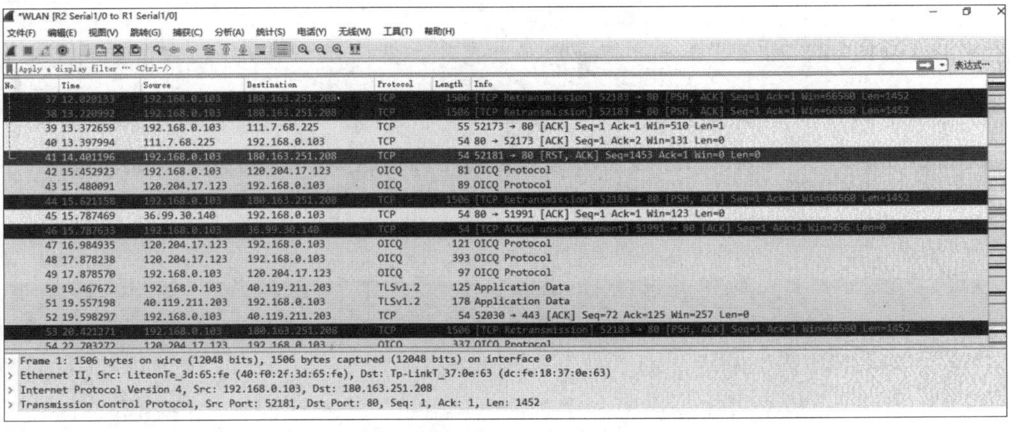

图 4.15 不同色彩标识不同性质的报文

打开一个抓取文件相当简单，在主界面上单击 Open 并浏览文件即可。也可以在
Wireshark 里保存自己的抓包文件，并在以后需要时打开，如图 4.16 所示。

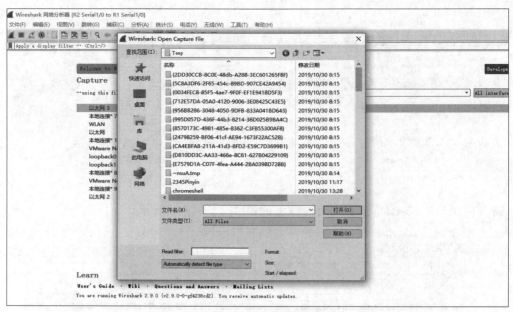

图 4.16　打开报文样本

若只需显示指定的报文，可以使用 Wireshark 过滤器功能关闭其他使用网络的应用，操
作过程为：在窗口顶端的过滤栏输入并单击 Apply（或按 Enter 键）。例如，输入 tcp，只看到
TCP 报文。输入时，Wireshark 会帮助自动完成过滤，如图 4.17 所示。

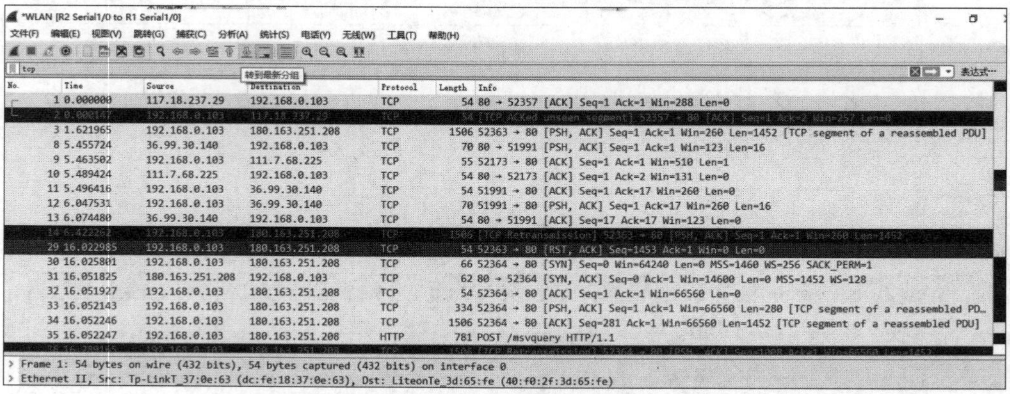

图 4.17　输入过滤条件

也可以单击 Analyze 菜单并选择 Display Filters 创建新的过滤条件，如图 4.18 所示。

另外，可以右击报文，从弹出的快捷菜单中选择"追踪流"→"TCP 流"，如图 4.19 所示。
你会看到在服务器和目标端之间的全部会话，如图 4.20 所示。

如图 4.21 所示，检查报文。选中一个报文后，就可以深入挖掘它的内容了。也可以在
这里创建过滤条件——只需右击细节并使用"应用为列"子菜单，如图 4.22 所示，就可以根
据此细节创建过滤条件。

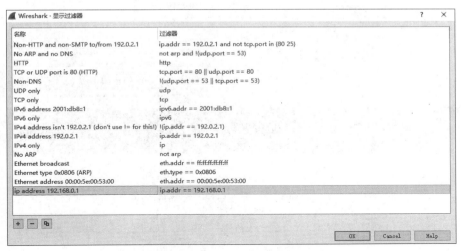

图 4.18　创建新的过滤条件

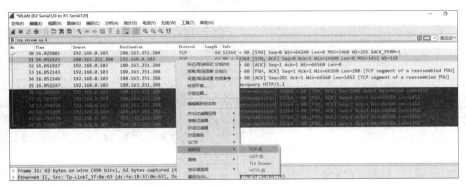

图 4.19　选择"追踪流"→"TCP 流"

图 4.20　服务器和目标端之间的全部会话

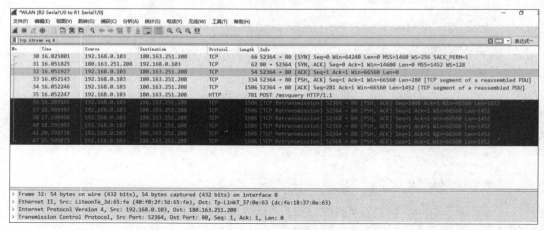

图 4.21　选中检查报文

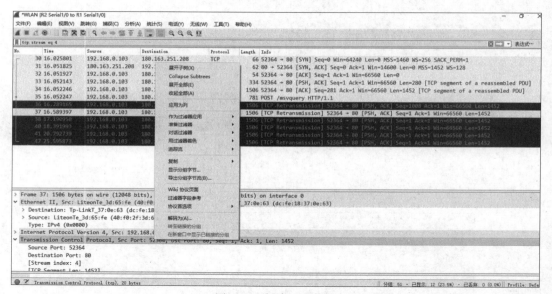

图 4.22　创建过滤条件

Wireshark 是一个非常强大的工具，这里只介绍它的最基本用法。

2. GNS3 软件介绍

GNS3 软件是一款优秀的具有图形化界面、可以运行在多平台的网络仿真软件。它是 Dynagen 的图形化前端环境工具软件，而 Dynamips 是仿真 iOS 的核心程序。Dynagen 运行在 Dynamips 之上，目的是提供更友好的、基于文本的用户界面。

GNS3 允许在 Windows、Linux 系统上仿真 iOS，其支持的路由器平台以及防火墙平台 (PIX)的类型非常丰富。通过在路由器插槽中配置 EtherSwitch 卡，也可以仿真该卡所支持的交换机平台。GNS3 运行的是实际的 iOS，能够使用 iOS 支持的所有命令和参数，而 Packet Tracer 仿真软件对很多命令不能支持。GNS3 安装程序中不包含 iOS 软件，需要另外获取。

1）GNS3 软件的安装

下载 GNS3 安装程序包，本实验使用的是 GNS3-0.7.3-win32-all-in-one，双击安装程序包进行安装。GNS3 软件的安装过程如图 4.23～图 4.31 所示。

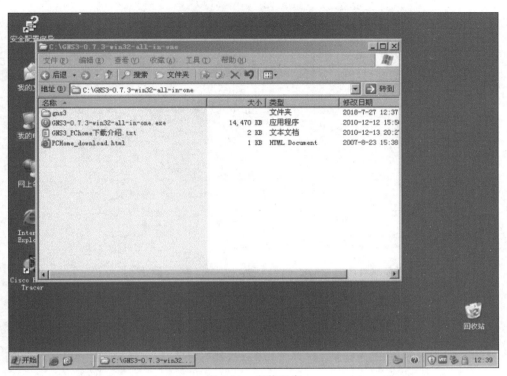

图 4.23　安装程序

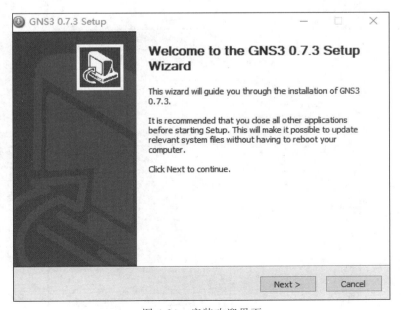

图 4.24　安装欢迎界面

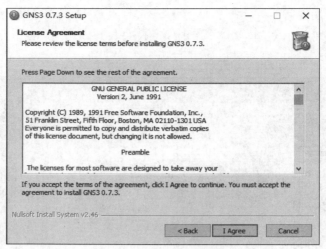

图 4.25　安装许可协议

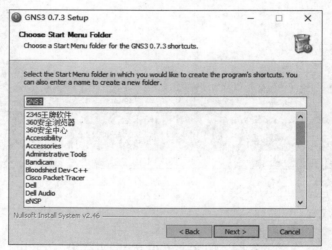

图 4.26　选择开始菜单文件夹

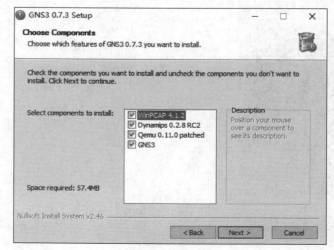

图 4.27　选择安装组件

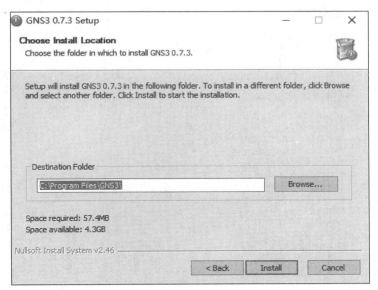

图 4.28　选择安装路径

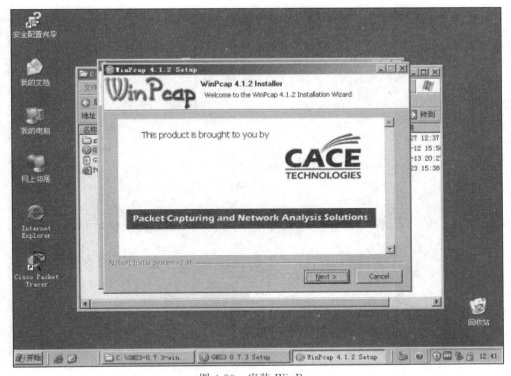

图 4.29　安装 WinPcap

安装成功后,计算机桌面上会出现 GNS3 的运行快捷方式,如图 4.31 所示。

2) 为网络设备添加 iOS

GNS3 程序本身不带有 iOS,需要另外准备 Cisco iOS 文件。通常,通过以下步骤在 Cisco Router c3660 路由器中添加 iOS。

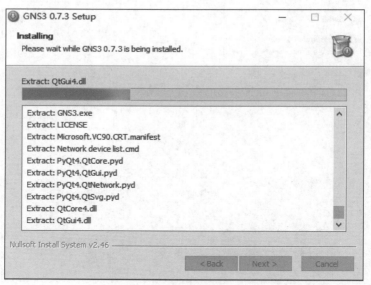

图 4.30　程序安装进行中

图 4.31　程序安装完成

（1）将 iOS 文件放到计算机中，路径中不含中文字符，如图 4.32 所示。

（2）单击 GNS3 对话框中的 Edit 菜单，选择 iOS images and hypervisors 选项，在 iOS 设置中选择 Image file 文件路径。其中平台选择 C3600，型号选择 3660，单击"保存"按钮，如图 4.33～图 4.35 所示。

图 4.32　将 iOS 文件放到计算机的 C 盘中

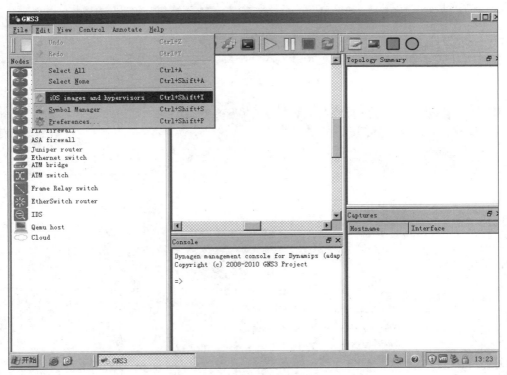

图 4.33　进入添加 iOS 界面

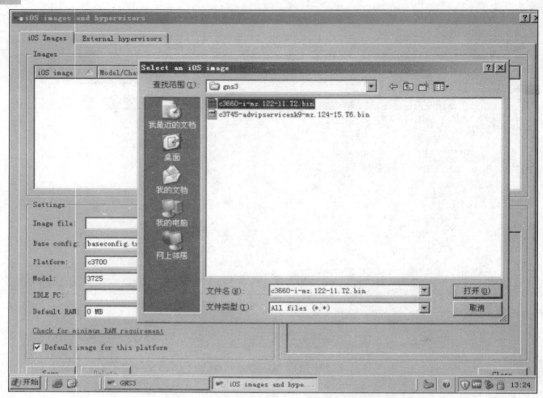

图 4.34　选择对应的 iOS 版本

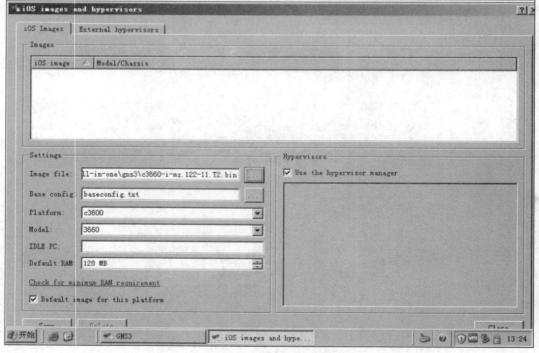

图 4.35　选择 Image file 以及 Platform

（3）测试 Dynamips 运行路径。具体操作为：选择"编辑"→"首选项"→Dynamips→"测试"，如果出现 Dynamips successfully started，说明 Dynamips 运行环境正常，如图 4.36 所示。

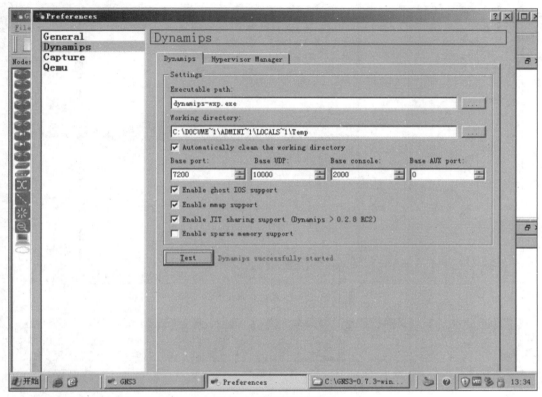

图 4.36　测试运行环境

3）计算并设置 IDLE 值

IDLE 值的设置是为了减少 CPU 的利用率，不合理的设置将使 CPU 的使用率达到 100%。IDLE 值的设置过程如下。

（1）在 GNS3 中拖曳一台 Router C3600 路由器到工作窗口，运行该路由器，如图 4.37 所示。单击"开始"按钮，开启该路由器。

（2）右击该路由器，在弹出的快捷菜单中选择 IDLE PC，系统将自动计算 IDLE 值，如图 4.38 所示。

（3）在弹出的 IDLE 窗口中选择带"＊"号的数值相对较大的选项，如图 4.39 所示。

4）在设备中添加模块

有时设备中没有组网时需要的接口，这时需要在设备中添加模块，以扩充设备的接口，如图 4.40 所示，需要在路由器中添加模块。具体操作如下。

（1）双击设备，弹出结点配置对话框，如图 4.41 所示。

（2）在窗口的左边选择需要添加模块的设备，这里选择 R1，在窗口的右边选择 Slots，如图 4.42 所示。

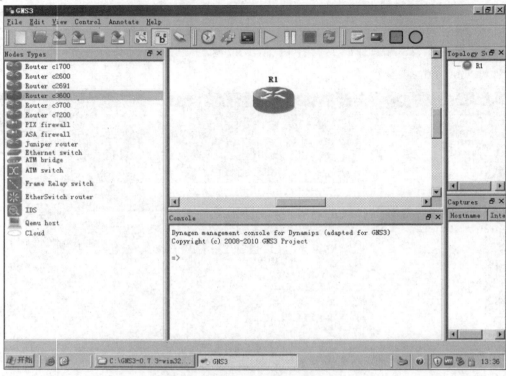

图 4.37　拖曳路由器到工作窗口

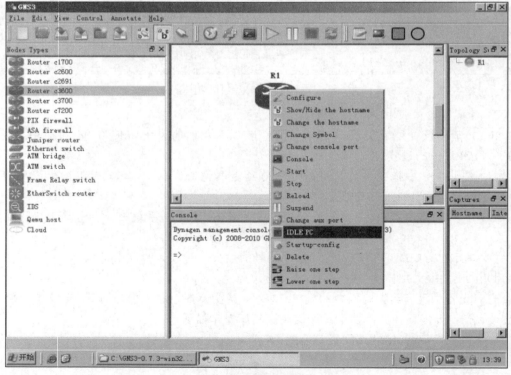

图 4.38　计算 IDLE 值

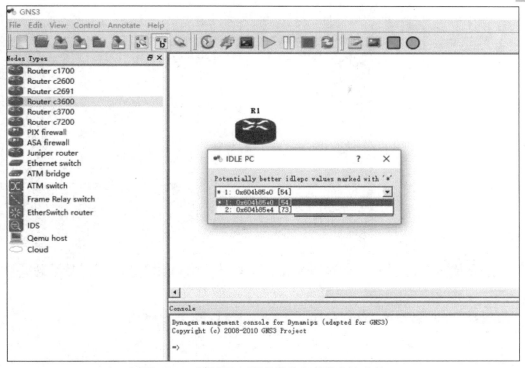

图 4.39　选择带"＊"号的数值相对较大的选项

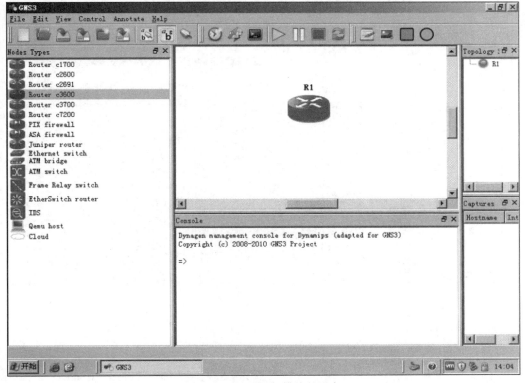

图 4.40　需要添加模块的设备

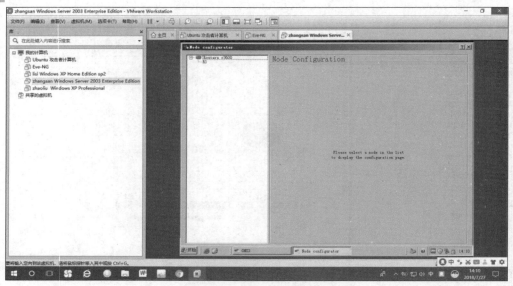

图 4.41　结点配置对话框

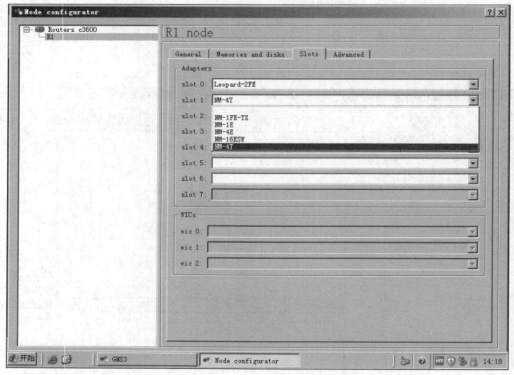

图 4.42　添加模块窗口

（3）选择添加的模块，单击 OK 按钮，在相应的设备上添加相应的模块。

构建网络拓扑结构，完成网络实验，具体操作如下。

① 将网络设备拖曳到工作窗口中，如图 4.43 所示，拖动 3 台路由器到工作窗口中。

② 将设备连接起来，具体操作为：选择菜单中的 Add a link，在弹出的下拉菜单中选择

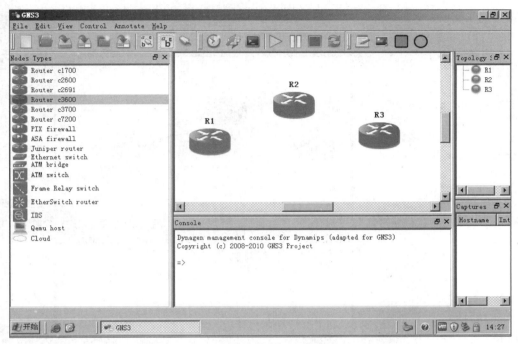

图 4.43　拖曳设备至工作窗口

连接的链路类型，这里选择 Serial，如图 4.44 所示。将鼠标放置于设备上，单击，将设备连接
起来，如图 4.45 所示。

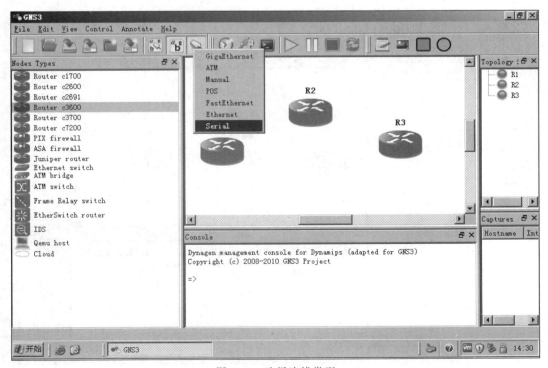

图 4.44　选择连线类型

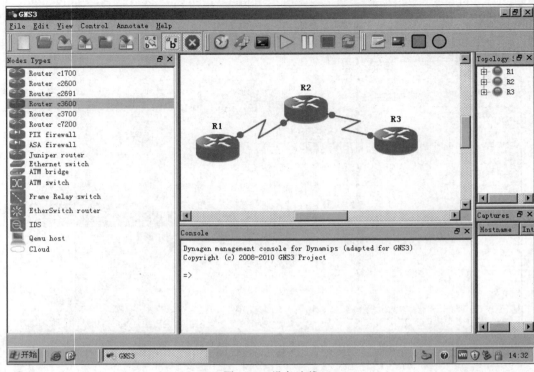

图 4.45 设备连线

③ 单击菜单中的 Control→Start/Resume all devices 开启设备,如图 4.46 所示。

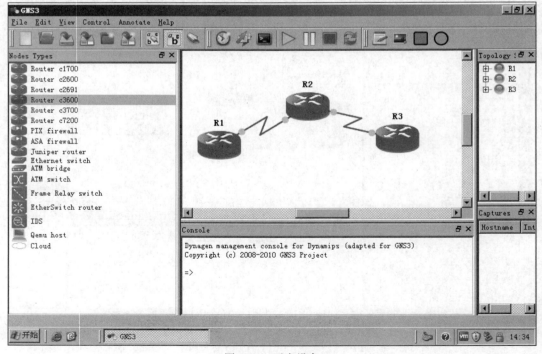

图 4.46 开启设备

④ 通过双击网络设备可以配置设备，如图 4.47 所示。

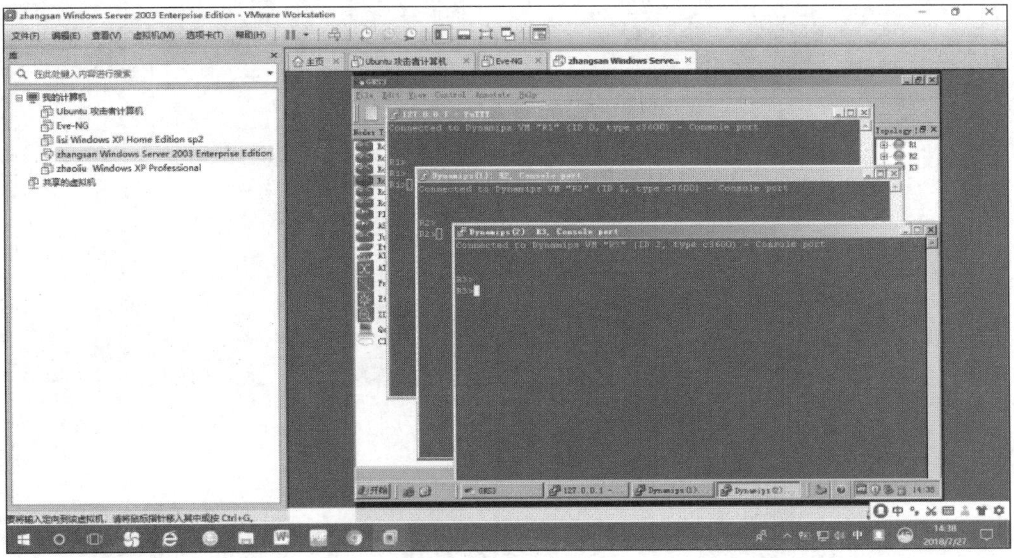

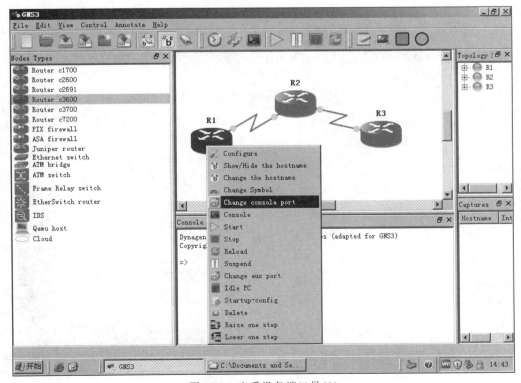

图 4.47　配置设备

对网络设备的配置，可以使用 SecureCRT 软件，操作过程如下。

① 查看网络设备端口号，方法如下：右击设备，在弹出的快捷菜单中选择 Change console port，如图 4.48 和图 4.49 所示。

图 4.48　查看设备端口号(1)

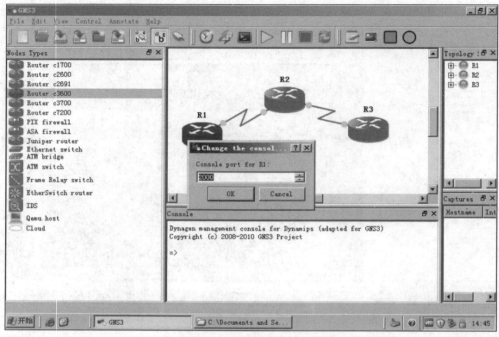

图 4.49 查看设备端口号(2)

② 查看其他两台设备的端口号分别为 2001 和 2002。运行 SecureCRT 软件,设置参数如图 4.50~图 4.52 所示。

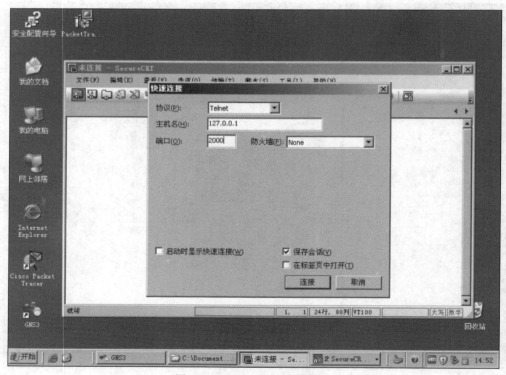

图 4.50 SecureCRT 参数设置

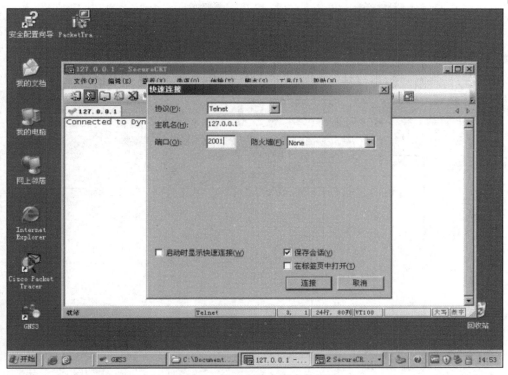

图 4.51　第二台路由器参数配置

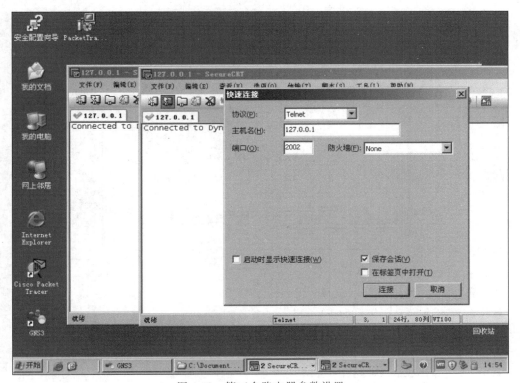

图 4.52　第三台路由器参数设置

③ 通过 SecureCRT 软件配置设备,如图 4.53 所示。

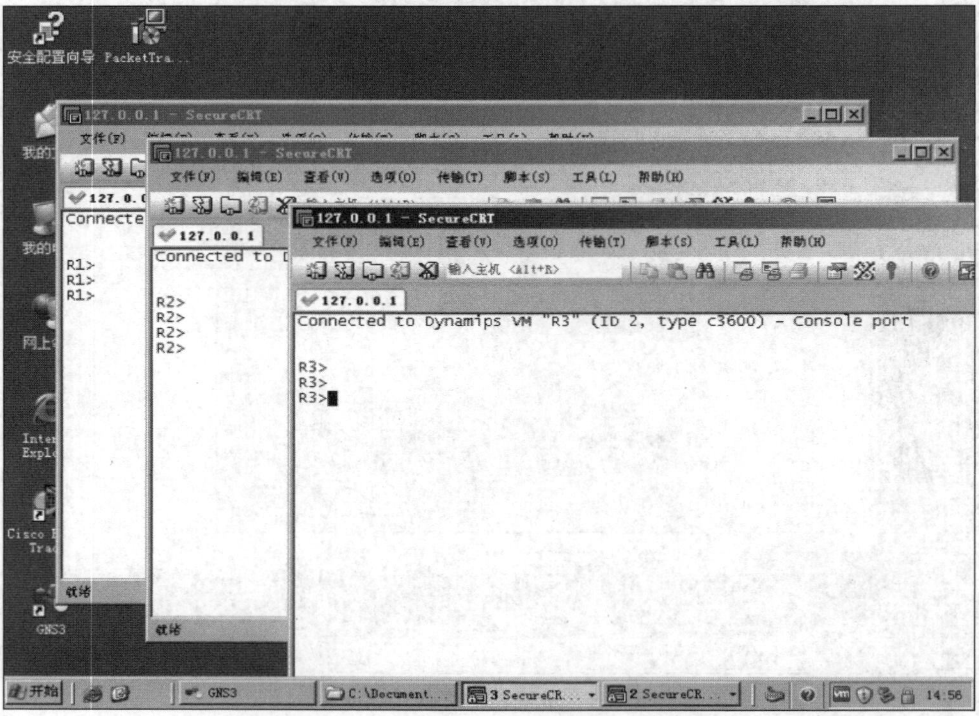

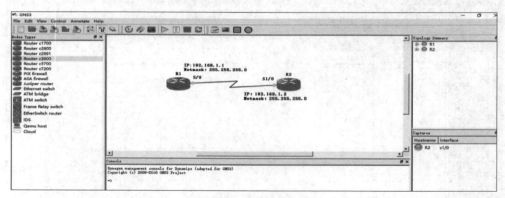

图 4.53　通过 SecureCRT 配置设备

3. 在 GNS3 上创建拓扑,利用 Wireshark 抓 PPP 帧

(1) 在 GNS3 上创建网络拓扑,如图 4.54 所示。

图 4.54　创建网络拓扑

(2) 配置网络,使网络互联互通。

首先配置路由器 R1,代码如下。

```
R1>enable
R1#config t
R1(config)#interface serial 1/0
R1(config-if)#ip address 192.168.1.1 255.255.255.0
```

```
R1(config-if)#no shu
R1(config-if)#
*Mar  1 01:10:02.611: %LINK-3-UPDOWN: Interface Serial1/0, changed state to up
*Mar  1 01:10:03.611: %LINEPROTO-5-UPDOWN: Line protocol on Interface Serial1/0,
changed state to up
R1(config-if)#
```

其次配置路由器 R2，代码如下。

```
R2>enable
R2#config t
R2(config)#interface serial 1/0
R2(config-if)#ip address 192.168.1.2 255.255.255.0
R2(config-if)#no shu
*Mar  1 01:11:06.475: %LINK-3-UPDOWN: Interface Serial1/0, changed state to up
*Mar  1 01:11:07.475: %LINEPROTO-5-UPDOWN: Line protocol on Interface Serial1/0,
changed state to up
```

（3）封装 PPP。

路由器 R1 的 S 口封装成 PPP，代码如下。

```
R1>enable
R1#config t
R1(config)#interface serial 1/0
R1(config-if)#encapsulation ppp
```

路由器 R2 的 S 口封装成 PPP 协议，代码如下。

```
R2>enable
R2#config t
R2(config)#interface serial 1/0
R2(config-if)#encapsulation ppp
```

（4）利用 Wireshark 抓取 PPP 帧。

① 右击需要抓取 PPP 帧的链路，弹出对话框如图 4.55 所示。在其中选择 Capture，结果如图 4.56 所示。

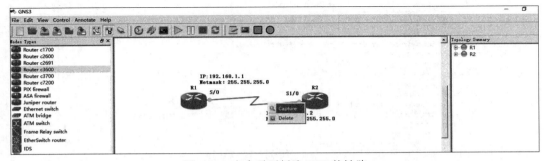

图 4.55　右击需要抓取 PPP 的链路

② 在图 4.56 中选择 PPP 帧。

③ 抓取 PPP 帧，如图 4.57 所示。

④ 分析 PPP 帧，如图 4.58 所示，分析结果与实际相符。

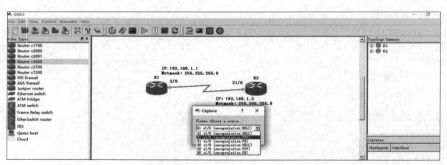

图 4.56　选择需要抓取的接口帧类型

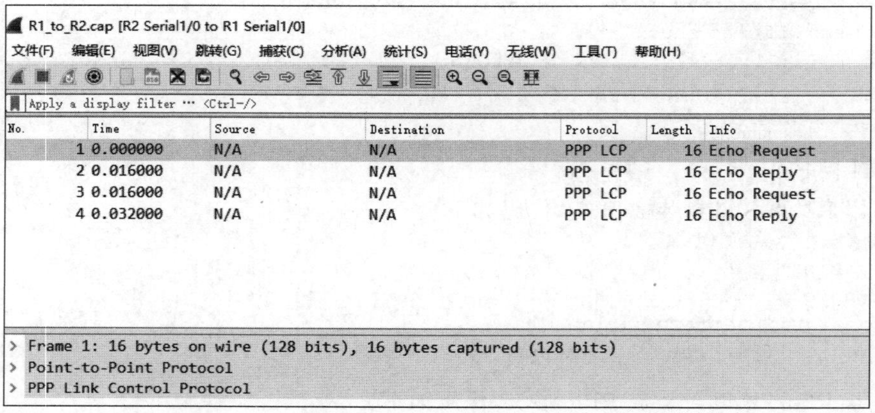

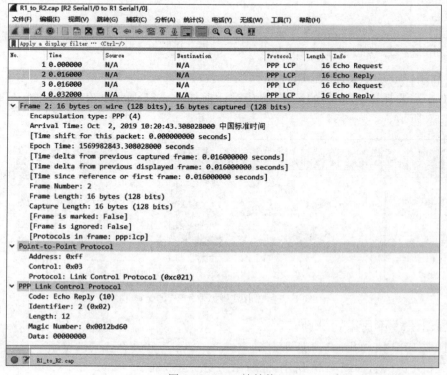

图 4.57　抓取 PPP 帧

图 4.58　PPP 帧结构

实验 3：PPP 认证配置

PAP 和 CHAP 的配置过程如下。

1. PAP 单向认证

如图 4.59 所示，路由器 R1 为被认证端，路由器 R2 为认证端，将两台路由器的串口封装成 PPP，开启路由器 R2 的 PAP 认证方式，路由器 R2 对路由器 R1 进行单向认证。注意，作为单向认证，不开启路由器 R1 的 PAP 认证。

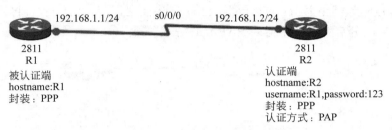

图 4.59　单向 PAP 认证实验拓扑

首先配置认证端路由器 R2，主要配置认证的用户名和密码，封装为 PPP，以及设置认证方式为 PAP。

```
Router>en
Router#config t
Router(config)#hostname R2
R2(config)#interface serial 0/0/0
R2(config-if)#ip address 192.168.1.2 255.255.255.0
R2(config-if)#no shu
R2(config-if)#exit
R2(config)#username R1 password 123
R2(config)#interface serial 0/0/0
R2(config-if)#encapsulation ppp
R2(config-if)#ppp authentication pap
```

其次配置被认证端路由器 R1，主要配置封装方式为 ppp，发送验证相关信息。具体配置如下。

```
Router>en
Router#config t
Router(config)#hostname R1
R1(config)#interface serial 0/0/0
R1(config-if)#ip address 192.168.1.1 255.255.255.0
R1(config-if)#no shu
R1(config-if)#clock rate 64000
R1(config-if)#encapsulation ppp
R1(config-if)#ppp pap sent-username R1 password 123
R1(config-if)#
```

最后测试网络连通性,测试结果如下,网络是联通的。

```
R1#ping 192.168.1.2
Type escape sequence to abort.
Sending 5, 100-byte ICMP Echos to 192.168.1.2, timeout is 2 seconds:
!!!!!
Success rate is 100 percent (5/5), round-trip min/avg/max = 1/2/9 ms
R1#
```

2. PAP 双向认证

如图 4.60 所示,路由器 R1 和路由器 R2 既是认证端,又是被认证端,将两台路由器的串口封装成 PPP,开启两台路由器的 PAP 认证方式。

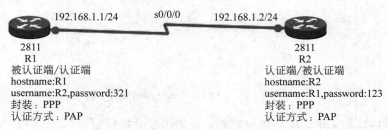

图 4.60　双向 PAP 认证实验拓扑

首先配置认证端路由器 R1,主要配置认证的用户名和密码,封装为 PPP,以及设置认证方式为 PAP。发送验证相关信息,具体配置如下。

```
Router>en
Router#config t
Router(config)#interface serial 0/0/0
Router(config)#username R2 password 321
Router(config-if)#ip address 192.168.1.1 255.255.255.0
Router(config-if)#no shu
Router(config-if)#clock rate 64000
Router(config-if)#encapsulation ppp
Router(config)#interface serial 0/0/0
Router(config-if)#ppp authentication pap
Router(config-if)#ppp pap sent-username R1 password 123
```

其次配置路由器 R2,代码如下。

```
Router>en
Router#config t
Router(config)#interface serial 0/0/0
Router(config)#username R1 password 123
Router(config-if)#ip address 192.168.1.2 255.255.255.0
Router(config-if)#no shu
Router(config-if)#encapsulation ppp
Router(config-if)#ppp authentication pap
Router(config-if)#ppp pap sent-username R2 password 321
```

```
Router(config-if)#exit
Router(config)#
```

最后测试网络连通性，代码如下。

```
Router#ping 192.168.1.2
Type escape sequence to abort.
Sending 5, 100-byte ICMP Echos to 192.168.1.2, timeout is 2 seconds:
!!!!!
Success rate is 100 percent (5/5), round-trip min/avg/max = 1/3/15 ms
Router#
```

3. CHAP 单向认证

如图 4.61 所示，路由器 R1 为被认证端，路由器 R2 为认证端，将两台路由器的串口封装成 PPP，开启路由器 R2 的 CHAP 认证方式，路由器 R2 对路由器 R1 进行单向认证。注意，作为单向认证，不开启路由器 R1 的 CHAP 认证。

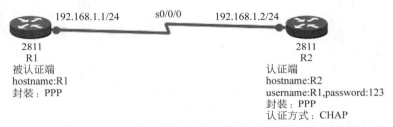

图 4.61　单向 CHAP 认证实验拓扑

路由器 R1 的配置过程如下。

```
Router>en
Router#config t
Router(config)#hostname R1
R1(config)#interface serial 0/0/0
R1(config-if)#encapsulation ppp
R1(config-if)#exit
R1(config)#username R2 password 123
R1(config)#
```

路由器 R2 的配置过程如下。

```
Router>en
Router#config t
Router(config)#hostname R2
R2(config)#interface serial 0/0/0
R2(config-if)#ip address 192.168.1.2 255.255.255.0
R2(config-if)#no shu
R2(config-if)#encapsulation ppp
R2(config-if)#ppp authentication chap
R2(config)#username R1 password 123
```

```
R2(config)#
```

最后测试网络连通性,结果如下。

```
R1#ping 192.168.1.2
Type escape sequence to abort.
Sending 5, 100-byte ICMP Echos to 192.168.1.2, timeout is 2 seconds:
!!!!!
Success rate is 100 percent (5/5), round-trip min/avg/max = 1/3/13 ms
R1#
```

4. CHAP 双向认证

如图 4.62 所示,路由器 R1 和路由器 R2 既是认证端,又是被认证端,将两台路由器的串口封装成 PPP,开启路由器 R1 和 R2 的 CHAP 认证方式,具体配置如下。

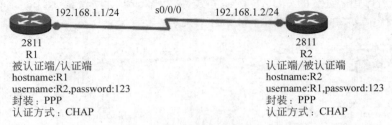

图 4.62　双向 CHAP 认证实验拓扑

首先配置路由器 R1,具体配置如下。

```
Router>en
Router#config t
Router(config)#hostname R1
R1(config)#interface serial 0/0/0
R1(config-if)#no shu
R1(config-if)#clock rate 64000
R1(config-if)#exit
R1(config)#username R1 password 123
R1(config)#no username R1 pas 123
R1(config)#username R2 password 123
R1(config)#interface serial 0/0/0
R1(config-if)#encapsulation ppp
R1(config-if)#ppp authentication chap
R1(config)#interface serial 0/0/0
R1(config-if)#ip address 192.168.1.1 255.255.255.0
R1(config-if)#no shu
R1(config-if)#end
```

其次配置路由器 R2,具体配置如下。

```
Router>en
Router#config t
Router(config)#hostname R2
```

```
R2(config)#interface serial 0/0/0
R2(config-if)#ip address 192.168.1.2 255.255.255.0
R2(config-if)#no shu
R2(config-if)#exit
R2(config)#username R1 password 123
R2(config)#interface serial 0/0/0
R2(config-if)#ppp authentication chap
R2(config-if)#end
```

最后测试网络连通性,结果如下。

```
R1#ping 192.168.1.2
Type escape sequence to abort.
Sending 5, 100-byte ICMP Echos to 192.168.1.2, timeout is 2 seconds:
!!!!!
Success rate is 100 percent (5/5), round-trip min/avg/max = 1/2/9 ms
R1#
```

第 5 章　局　域　网

实验 1：以太网 MAC 帧格式分析

DIX V2 以太网帧仿真实现过程如下。

1）仿真环境拓扑设计及地址规划

在 Packet Tracer 中构建图 5.1 所示的网络拓扑结构图，可以实现以太网帧。在该网络拓扑结构中，主机 PC1 和路由器 R1 的 f0/0 接口之间传输以太网帧，路由器 R1 的 s0/0/0 接口和路由器 R2 的 s0/0/0 接口之间传输 PPP 帧，路由器 R2 的接口 f0/0 和主机 PC2 之间传输以太网帧。路由器实现了异构网络的互联。

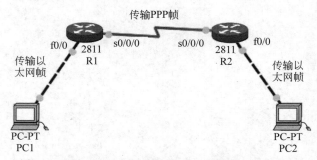

图 5.1　DIX V2 以太网帧以及 PPP 帧仿真拓扑结构图

该网络拓扑结构的地址规划如表 5.1 所示。

表 5.1　网络地址规划

设备名称	IP 地址	
R1	f0/0：192.168.1.1/24	s0/0/0：192.168.2.1/24
R2	f0/0：192.168.3.1/24	s0/0/0：192.168.2.2/24
PC1	IP：192.168.1.10/24	默认网关 192.168.1.1
PC2	IP：192.168.3.10/24	默认网关 192.168.3.1

2）配置网络，实现网络互联互通

该网络拓扑由 3 个网段组成，主机 PC1 和路由器 R1 之间传输以太网帧，网络地址为 192.168.1.0；路由器 R1 与 R2 之间数据链路层使用串口相连，封装 PPP，传输 PPP 帧，网络地址为 192.168.2.0；路由器 R2 和主机 PC2 之间传输以太网帧，网络地址为 192.168.3.0。利用路由器实现异构网络的互联，若要网络互联互通，需要配置接口的 IP 地址，将路由器的串口封装 PPP，最后在路由器上执行动态路由协议。具体配置如下。

首先配置路由器 R1，代码如下。

```
R1>enable
R1#configure terminal
R1(config)#interface serial 0/0/0                    //进入路由器 R1 的 s0/0/0 口
R1(config-if)#ip address 192.168.2.1 255.255.255.0   //为接口配置 IP 地址
R1(config-if)#clock rate 64000                       //为接口配置时钟频率
R1(config-if)#encapsulation ppp                      //配置接口封装 PPP 协议
R1(config-if)#no shu                                 //激活接口
R1(config-if)#exit                                   //退出
R1(config)#interface fastEthernet 0/0                //进入路由器 f0/0 接口
R1(config-if)#ip address 192.168.1.1 255.255.255.0   //为接口配置 IP 地址
R1(config-if)#no shu                                 //激活接口
R1(config-if)#exit                                   //退出
R1(config)#route rip                                 //路由器执行 RIP 路由协议
R1(config-router)#network 192.168.1.0                //宣告网段
R1(config-router)#network 192.168.2.0                //宣告网段
```

按照同样的步骤对路由器 R2 做相应的配置。配置路由器 R2 的接口 IP 地址,开启路由器动态路由协议 RIP,将路由器 s0/0/0 接口封装成 PPP,主要配置如下。

```
R1>enable
R1#configure terminal
R2(config)#route rip                                 //路由器执行路由协议 RIP
R2(config-router)#network 192.168.2.0                //宣告网段
R2(config-router)#network 192.168.3.0                //宣告网段
R2(config-router)#exit                               //退出
R2(config)#interface serial 0/0/0                    //进入路由器接口 s0/0/0
R2(config-if)#encapsulation ppp                      //配置接口封装 PPP 协议
```

最后按照表 5.1 配置主机的相关网络参数。配置完毕后,整个网络就互联互通了。

3) 仿真实现以太网帧

首先仿真实现以太网帧,为了抓取数据包,需要有数据的传输,将 Packet Tracer 仿真模式从 Realtime Mode 切换成 Simulation Mode,从主机 PC1 发一个 ping 包给主机 PC2,连续单击 Play Controls 下的 Capture/Forward 按钮,得到图 5.2 所示的仿真结果。PC1 和路由器 R1 之间传输的协议数据单元(protocol data unite,PDU)为以太网帧,通过展开 PC1 到 R1 的 PDU Information at Device R1,在 Inbound PDU Details 中得到 DIX V2 以太网帧结构仿真图,如图 5.2 所示。其中源地址为主机 PC1 的 MAC 地址,目的地址为路由器 R1 左边接口 f0/0 的 MAC 地址。类型字段值为 0x0800,说明上层使用 IP 数据报。帧的前面插入 7B 的前同步码以及 1B 的帧开始定界符。

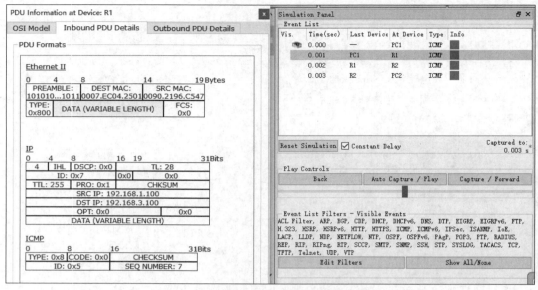

图 5.2 DIX V2 以太网帧结构仿真图

实验 2：交换机自学习功能

1）在 Packet Tracer 仿真软件中设置网络拓扑结构

交换机自学习原理拓扑图如图 5.3 所示，一台交换机连接 3 台计算机，每台计算机连接交换机的接口编号以及每台计算机的 IP 地址与 MAC 地址的对应关系如图 5.3 所示。

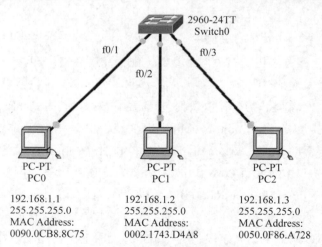

图 5.3 交换机自学习原理拓扑图

2）查看初始状态下的 MAC 地址表

初始状态下交换机的 MAC 地址表为空，如图 5.4 所示。

3）利用计算机 PC0 ping 测试计算机 PC1

为了使交换机转发数据，改变交换机的 MAC 地址表，利用计算机 PC0 ping 测试计算

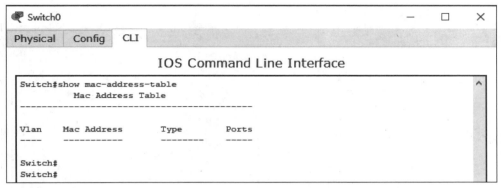

图 5.4　初始状态下交换机的 MAC 地址表为空

机 PC1,测试过程如图 5.5 所示。

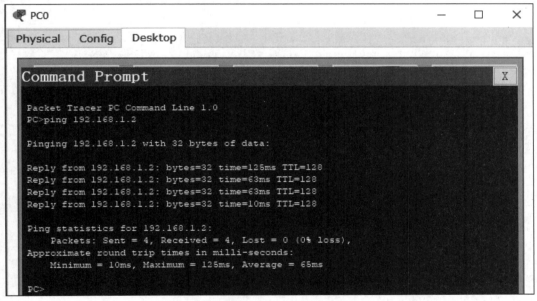

图 5.5　让计算机 PC0 ping 测试计算机 PC1

4）再次查看交换机的 MAC 地址表

利用计算机 PC0 ping 测试计算机 PC1 后,再次查看交换机的 MAC 地址表,结果如图 5.6 所示。此时计算机的 MAC 地址表发生了改变,添加了两条记录,分别对应计算机 PC0 和计算机 PC1 对应的交换机的端口。这里要清楚 ping 命令的执行过程,PC0 发数据包给 PC1,同时 PC1 返回数据包给 PC0,因此交换机的 MAC 地址表中添加了这两条记录。

5）让计算机 PC0 ping 测试计算机 PC2

再让计算机 PC0 ping 测试计算机 PC2,如图 5.7 所示。

6）再次查看交换机的 MAC 地址表

再次查看交换机的 MAC 地址表,如图 5.8 所示。可见,交换机的 MAC 地址表中添加了计算机 PC3 对应的端口,而交换机 PC0 对应的端口类型已经存在,保留不变。

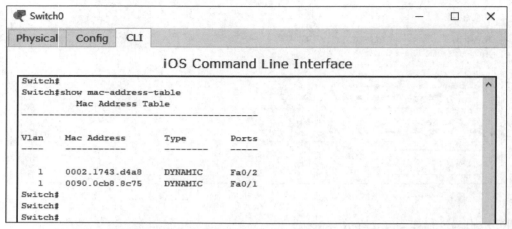

图 5.6　交换机自动学习主机 PC0 和主机 PC1 的 MAC 地址与端口的对应关系

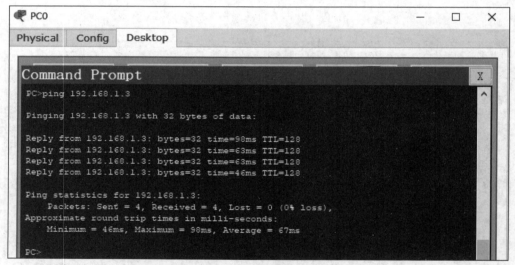

图 5.7　让计算机 PC0 ping 测试计算机 PC2

```
Switch#show mac-address-table
        Mac Address Table
-------------------------------------------

Vlan    Mac Address        Type        Ports
----    -----------        --------    -----

  1     0002.1743.d4a8     DYNAMIC     Fa0/2
  1     0050.0f86.a728     DYNAMIC     Fa0/3
  1     0090.0cb8.8c75     DYNAMIC     Fa0/1
Switch#
```

图 5.8　交换机自动学习计算机 PC3 的 MAC 地址与交换机端口的对应关系

7）通过命令 clear mac-address-table 清除交换机中的 MAC 地址表

通过命令 clear mac-address-table 清除交换机中的 MAC 地址表，如图 5.9 所示。

```
Switch#clear mac-address-table
Switch#show mac-address-table
          Mac Address Table
-------------------------------------------

Vlan    Mac Address       Type         Ports
----    -----------       --------     -----

Switch#
```
Copy　Paste

图 5.9　通过命令 clear mac-address-table 清除交换机中的 MAC 地址表

实验 3：生成树协议分析

在 Packet Tracer 仿真软件中仿真实现交换机生成树协议（spanning tree protocol，STP）。

STP 维护一个树状的网络拓扑，当交换机发现拓扑中有环时，就会逻辑地阻塞一个或更多冗余端口来实现无环拓扑，当网络拓扑发生变化时，运行 STP 的交换机会自动重新配置它的端口，以避免环路产生或连接丢失。

1. 选择 RB

在网络中需要选择一台 RB，RB 的选择是由交换机自主进行的，交换机之间通信的信息称为 BPDU（桥协议数据单元），该信息每 2s 发送一次，BPDU 中包含的信息较多，但 RB 的选择只比较 BID（桥 ID），BID 最小的是 RB。BID＝桥优先级＋桥 MAC 地址，BPDU 数据帧中网桥 ID 有 8B，它由 2B 的网桥优先级和 6B 的背板 MAC 组成，其中网桥优先级的取值范围是 0～65535，缺省值是 32768。RB 的选择是先比较桥优先级，再比较桥 MAC 地址。一般来说，桥优先级都一样，都是 32768，所以一般只比较桥 MAC 地址，将 MAC 地址最小（也就是 BID 最小）的作为 RB。

2. 选择根端口 RP

对于每台非根桥，都要选择一个端口连接到 RB，这就是 RP，在所有非根网桥交换机上的不同端口之间选出一个到 RB 最近的端口作为 RP。

RP 的判定条件如下：计算非根交换机到达根桥的链路开销，开销最小的端口为 RP；在开销相同的情况下，比较非根交换机的上行交换机桥 ID（由优先级和 MAC 地址决定），桥 ID 小的非根交换机的端口为 RP；在以上都相同的情况下，上行交换机的最小端口号连接的非根交换机的端口为根端口。

关于开销，带宽为 10Mb/s 的端口开销为 100，带宽为 100Mb/s 的端口开销为 19，带宽为 1000Mb/s 的端口开销为 4。

3. 选择 DP

首先，根桥上的所有端口都是指定端口；其次，非根交换机与非根交换机之间连接线的两个端口中必定有一个端口为指定端口，此时比较两个非根交换机的根端口到达根桥的最低链路开销，以最低开销的非根交换机为准，其所在的连接线的端口为指定端口。如果链路开销一样,比较各自的桥 ID 即可。桥 ID 小的交换机的端口为指定端口。

4. RP、DP 设置为转发状态,其他端口设置为阻塞状态

将选出的 RP 和 DP 都设置为转发状态,既不是 RP 也不是 DP 的其他端口将被阻止(block)。通过上述 4 步,就可以形成无环路的网络。

如图 5.10 所示,首先选择 RB。3 台交换机的优先级以及 MAC 地址如下。

```
Switch0: default 优先级 32768 VLAN1 MAC 地址: 0060.3e05.4ceb
Switch1: default 优先级 32768 VLAN1 MAC 地址: 0060.2f9d.dae1
Switch2: default 优先级 32768 VLAN1 MAC 地址: 0060.3e3d.4caa
```

很明显,在优先级相等的情况下,MAC 地址 Switch1 最小,所以 Switch1 为 RB。

其次选择 RP。

对于每台非根桥,Switch0 和 Switch1 要选择一个端口连接到根桥,作为 RP。选择依据是首先比较开销,其次比较上行交换机的 BID,最后比较上行交换机的 PID(端口 ID)。

交换机 Switch0 有两个端口 G1/1 和 G1/2 连接到根桥交换机 Switch1,如图 5.10 所示,从端口 G1/1 到根桥交换机 Switch1 的开销为 4,从端口 G1/2 到根桥交换机 Switch1 的开销为 4+4=8,所以将交换机 Switch0 的端口 G1/1 设置为 RP。

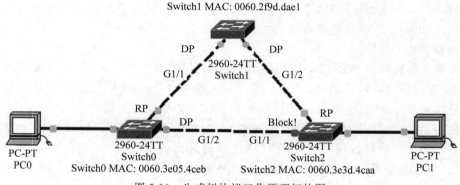

图 5.10   生成树协议工作原理拓扑图

交换机 Switch2 有两个端口 G1/1 和 G1/2 连接到根桥交换机 Switch1,从端口 G1/2 到根桥交换机 Switch1 的开销为 4,从端口 G1/1 到根桥交换机 Switch1 的开销为 4+4=8,所以将交换机 Switch2 的端口 G1/2 设置为 RP。

接下来选择 DP。

在交换机与交换机之间选择一个端口作为 DP,根桥交换机 Switch1 没有 RP,它的两个端口 G1/1 和 G1/2 分别连接交换机 Switch0 的根端口 G1/1,以及交换机 Switch2 的根端口 G1/2。所以,根桥交换机的两个端口 G1/1 和 G1/2 为 DP。

在交换机 Switch0 端口 G1/2 和交换机 Switch2 端口 G1/1 之间选择一个指定端口,由于 Switch0 端口 G1/2 到根桥的开销和 Switch2 端口 G1/1 到根桥的开销相同,所以比较这两个交换机的 BID。由于交换机 Switch0 和 Switch2 的优先级相同,均为 32768,所以接下来比较这两个交换机的 MAC 大小。Switch0 VLAN1 MAC 地址:0060.3e05.4ceb;Switch2 VLAN1 MAC 地址:0060.3e3d.4caa,显然 Switch0 的 MAC 小,所以在交换机 Switch0 端口

G1/2 和交换机 Switch2 端口 G1/1 之间选择 Switch0 的端口 G1/2 作为指定端口。

最后将 RP、DP 设置为转发状态,其他端口设置为阻塞状态。也就是说,将 Switch2 的 G1/1 设置为阻塞状态,如图 5.10 所示。

如图 5.11 所示,两台交换机两条冗余链路下的 STP 工作情况分析:首先选择根桥交换 机 RB。两台交换机的优先级及 VLAN1 的 MAC 地址如下。

```
Switch0: default 优先级 32768 VLAN1 MAC 地址: 00e0.b0b9.4e9e
Switch1: default 优先级 32768 VLAN1 MAC 地址: 000c.8566.6888
```

很明显,在优先级相等的情况下,Switch1 的 MAC 地址小,所以 Switch1 为 RB。

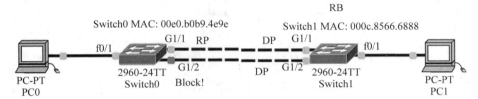

图 5.11　两台交换机多条冗余链路下的 STP 协议

其次选择 RP。

对于非根桥 Switch0,两条链路分别选择 RP 连接 RB,选择依据是首先比较开销,其次 比较上行交换机的 BID,最后比较上行交换机的 PID(端口 ID)。

由于交换机 Switch0 有两个端口 G1/1 和端口 G1/2 能够连接到根桥交换机 Switch1, 从端口 G1/1 到根桥交换机 Switch1 的开销为 4。从端口 G1/2 到根桥交换机 Switch1 的开 销为 4。在开销相同的情况下,比较上行交换机的 BID,由于这两个端口的上行交换机为同 一台交换机,因此 BID 相同,最后比较上行交换机的 PID,将端口号小的交换机对应的交换 机端口设置为 RP,所以将交换机 Switch0 的端口 G1/1 设置为 RP。

接着选择 DP。

交换机与交换机之间每条链路选择一个端口作为 DP,根桥交换机 Switch1 两个端口 G1/1 和 G1/2 分别连接交换机 Switch0 根端口 G1/1,以及交换机 Switch0 端口 G1/2,所以 根桥交换机端口 G1/1 为 DP。

在交换机 Switch0 端口 G1/2 和交换机 Switch1 端口 G1/2 之间选择一个 DP,Switch0 端口 G1/2 到根桥的开销大于 Switch1 端口 G1/2 到根桥的开销,所以交换机 Switch1 端口 G1/2 为 DP。

最后将 RP、DP 设置为转发状态,其他端口设置为阻塞状态。也就是说,将 Switch0 的 G1/2 设置为阻塞状态,具体如图 5.11 所示。

实验 4:交换机 VLAN 划分

如图 5.12 所示,没有划分 VLAN 之前,整个交换机处于一个广播域里,通过端口划分 VLAN 的方法,将这 4 台计算机划分为 3 个广播域,PC1 和 PC2 为一个广播域,PC3 为一个 广播域,PC4 为一个广播域,VLAN 的划分如图 5.13 所示。根据这 4 台计算机连接的交换 机的端口情况,通过交换机端口划分 VLAN,则具体划分如下。

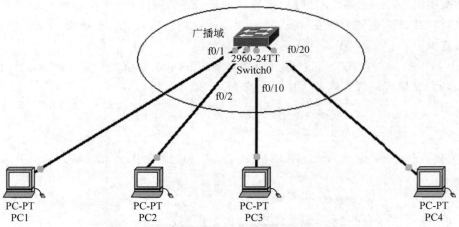

图 5.12　初始阶段交换机所有端口处于同一广播域

将端口 f0/1 和 f0/2 划分为同一个 VLAN,其 VLAN 号为 10,将端口 f0/10 划分为一个 VLAN,其 VLAN 号为 20,将 f0/20 划分为一个 VLAN,其 VLAN 号为 30。

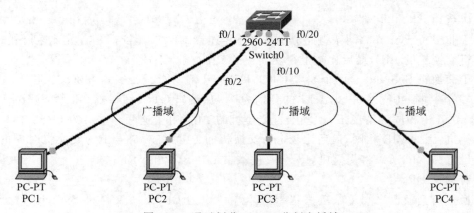

图 5.13　通过划分 VLAN 分割广播域

通过 show vlan 命令查看交换机初始 VLAN 情况,结果如下。

```
Switch#show vlan
VLAN Name                             Status    Ports
---- -------------------------------- --------- -------------------------------
1    default                          active    f0/1, f0/2, f0/3, f0/4
                                                f0/5, f0/6, f0/7, f0/8
                                                f0/9, f0/10, f0/11, f0/12
                                                f0/13, f0/14, f0/15, f0/16
                                                f0/17, f0/18, f0/19, f0/20
                                                f0/21, f0/22, f0/23, f0/24
                                                Gig1/1, Gig1/2
1002 fddi-default                     act/unsup
1003 token-ring-default               act/unsup
1004 fddinet-default                  act/unsup
```

```
1005 trnet-default                        act/unsup
VLAN Type  SAID     MTU    Parent RingNo BridgeNo Stp  BrdgMode Trans1 Trans2
---- ----- -------- ------ ------ ------ -------- ---- -------- ------ ---
1    enet  100001   1500   -      -      -        -    -        0      0
1002 fddi  101002   1500   -      -      -        -    -        0      0
1003 tr    101003   1500   -      -      -        -    -        0      0
1004 fdnet 101004   1500   -      -      -        ieee -        0      0
1005 trnet 101005   1500   -      -      -        ibm  -        0      0
Remote SPAN VLANs
-------------------------------------------------------------------------

Primary Secondary Type          Ports
------- --------- ------------- -------------------------------------------
```

　　显示结果表明：交换机在初始状态下，所有的端口都属于 VLAN1。将交换机中的端口按照图 5.12 所示进行 VLAN 划分的步骤如下：首先在交换机中创建 3 个新的 VLAN，VLAN 号分别为 10、20 以及 30。命令配置如下。

```
Switch# config terminal
Enter configuration commands, one per line. End with CNTL/Z.
Switch(config)# vlan 10              //创建 VLAN 10
Switch(config-vlan)# exit
Switch(config)# vlan 20              //创建 VLAN 20
Switch(config-vlan)# exit
Switch(config)# vlan 30              //创建 VLAN 30
Switch(config-vlan)#
```

　　通过 show vlan 命令可以看到刚刚创建的 3 个 VLAN，此时新创建的 VLAN 下都没有对应的端口，所有端口仍然属于 VLAN1。显示结果如下。

```
Switch# show vlan
VLAN Name                        Status    Ports
---- -------------------------- --------- ----------------
1    default                     active    f0/1, f0/2, f0/3, f0/4
                                           f0/5, f0/6, f0/7, f0/8
                                           f0/9, f0/10, f0/11, f0/12
                                           f0/13, f0/14, f0/15, f0/16
                                           f0/17, f0/18, f0/19, f0/20
                                           f0/21, f0/22, f0/23, f0/24
                                           Gig1/1, Gig1/2
10   VLAN0010                    active
20   VLAN0020                    active
30   VLAN0030                    active
1002 fddi-default                act/unsup
1003 token-ring-default          act/unsup
1004 fddinet-default             act/unsup
1005 trnet-default               act/unsup
VLAN Type  SAID     MTU    Parent RingNo BridgeNo Stp  BrdgMode Trans1 Trans2
---- ----- -------- ------ ------ ------ -------- ---- -------- ------ ---
```

```
1    enet  100001    1500  -    -    -    -    -    0    0
10   enet  100010    1500  -    -    -    -    -    0    0
20   enet  100020    1500  -    -    -    -    -    0    0
30   enet  100030    1500  -    -    -    -    -    0    0
1002 fddi  101002    1500  -    -    -    -    -    0    0
1003 tr    101003    1500  -    -    -    -    -    0    0
1004 fdnet 101004    1500  -    -    -    ieee -    0    0
1005 trnet 101005    1500  -    -    -    ibm  -    0    0
Remote SPAN VLANs
------------------------------------------------------------------
Primary Secondary Type          Ports
------- --------------------------------------------------------------
Switch#
```

接下来基于端口 VLAN 的划分方法,按照图 5.13 的要求将相应的端口分别划分到对应的 VLAN 中。

```
Switch#configure terminal
Enter configuration commands, one per line.  End with CNTL/Z.
Switch(config)#interface fastEthernet 0/1      //进入交换机 0/1 号端口
Switch(config-if)#switchport mode access       //将该端口配置成 access 模式
Switch(config-if)#switchport access vlan 10    //将该端口划分到 VLAN10 中
Switch(config-if)#exit
Switch(config)#interface fastEthernet 0/2      //进入交换机 0/2 号端口
Switch(config-if)#switchport mode access       //将该端口配置成 access 模式
Switch(config-if)#switchport access vlan 10    //将该端口划分到 VLAN10 中
Switch(config-if)#
```

以上命令将端口 f0/1 和端口 f0/2 划分到 VLAN 10 中,通过命令 show vlan 查看配置效果,结果如下。

```
Switch#show vlan
VLAN Name                        Status    Ports
---- ------------------------------------- --------------------------
1    default                     active    f0/3, f0/4, f0/5, f0/6
                                           f0/7, f0/8, f0/9, f0/10
                                           f0/11, f0/12, f0/13, f0/14
                                           f0/15, f0/16, f0/17, f0/18
                                           f0/19, f0/20, f0/21, f0/22
                                           f0/23, f0/24, Gig1/1, Gig1/2
10   VLAN0010                    active    f0/1, f0/2
20   VLAN0020                    active
30   VLAN0030                    active
1002 fddi-default                act/unsup
1003 token-ring-default          act/unsup
1004 fddinet-default             act/unsup
1005 trnet-default               act/unsup
```

实验结果表明，端口 f0/1 和端口 f0/2 已经属于 VLAN10，不再属于 VLAN1 了。

同样，配置端口 f0/10，将其划分到 VLAN20 中，配置端口 f0/20，将其划分到 VLAN30 中，具体配置过程如下。

```
Switch(config)#interface fastEthernet 0/10    //进入交换机 0/10 号端口
Switch(config-if)#switchport mode access      //将该端口配置成 access 模式
Switch(config-if)#switchport access vlan 20   //将该端口划分到 VLAN20 中
Switch(config-if)#exit
Switch(config)#interface fastEthernet 0/20    //进入交换机 0/20 号端口
Switch(config-if)#switchport mode access      //将该端口配置成 access 模式
Switch(config-if)#switchport access vlan 30   //将该端口划分到 VLAN30 中
Switch(config-if)#
```

通过 show vlan 命令，查看配置结果如下。

```
Switch#show vlan
VLAN Name                             Status    Ports
---- -------------------------------- --------- ----------------
1    default                          active    f0/3, f0/4, f0/5, f0/6
                                                f0/7, f0/8, f0/9, f0/11
                                                f0/12, f0/13, f0/14, f0/15
                                                f0/16, f0/17, f0/18, f0/19
                                                f0/21, f0/22, f0/23, f0/24
                                                Gig1/1, Gig1/2
10   VLAN0010                         active    f0/1, f0/2
20   VLAN0020                         active    f0/10
30   VLAN0030                         active    f0/20
1002 fddi-default                     act/unsup
1003 token-ring-default               act/unsup
1004 fddinet-default                  act/unsup
```

这样，通过基于端口 VLAN 划分方法将 4 台计算机划分为 3 个不同的 VLAN，每个 VLAN 属于同一个广播域，4 台计算机处于 3 个不同的广播域中。

实验 5：插入 VLAN 标记的 802.1Q 帧结构仿真实现

1. 仿真环境拓扑设计及地址规划

图 5.14 为使用 4 个交换机的网络拓扑，有 10 台计算机分配在 3 个楼层中，构成 3 个局域网，即 LAN1(A1，A2，B1，C1)；LAN2(A3，B2，C2)；LAN3(A4，B3，C3)，使用另一台交换机将这 3 个 LAN 互联起来，将互联起来的一个网络中的 10 个用户划分为 3 个虚拟局域网，即 VLAN10:(A1，A2，A3，A4)；VLAN20:(B1，B2，B3)；VLAN30:(C1，C2，C3)。

将该网络拓扑在 Packet Tracer 仿真软件中仿真实现，如图 5.15 所示。

2. 网络环境配置

为 4 台交换机分别创建 VLAN10、VLAN20、VLAN30，将计算机 A1、A2、A3 以及 A4

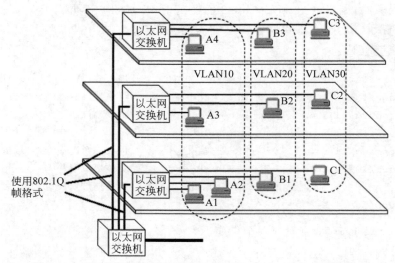

图 5.14　3 个虚拟局域网 VLAN10、VLAN20 和 VLAN30 的构成

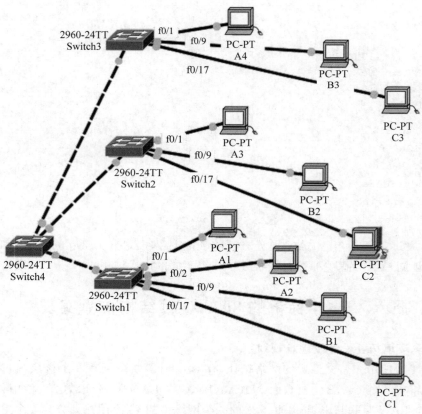

图 5.15　插入 VLAN 标记的 802.1Q 帧网络拓扑图

计算机划分到 VLAN10,将计算机 B1、B2 以及 B3 划分到 VLAN20,将计算机 C1、C2 以及 C3 划分到 VLAN30。同时将 3 台交换机 Switch1、Switch2 以及 Switch3 与交换机 Switch4 两两相连的接口配置成 Trunk 模式。

具体配置过程如下。

首先配置交换机 Switch1,代码如下。

```
Switch1(config)#vlan 10                                //为交换机创建 VLAN10
Switch1(config-vlan)#vlan 20                           //为交换机创建 VLAN20
Switch1(config-vlan)#vlan 30                           //为交换机创建 VLAN30
Switch1(config-vlan)#exit                              //退出
Switch1(config)#interface range fastEthernet 0/1-8     //进入交换机端口
Switch1(config-if-range)#switchport access vlan 10     //接口划分到 VLAN10
Switch1(config-if-range)#exit                          //退出
Switch1(config)#interface range fastEthernet 0/9-16    //进入交换机端口
Switch1(config-if-range)#switchport access vlan 20     //接口划分到 VLAN20
Switch1(config-if-range)#exit                          //退出
Switch1(config)#interface range fastEthernet 0/17-24   //进入交换机端口
Switch1(config-if-range)#interface range fastEthernet 0/17-23//进入端口
Switch1(config-if-range)#switchport access vlan 30     //接口划分到 VLAN30
```

同样,配置交换机 Switch2 和 Switch3。交换机 Switch4 的配置如下。

```
Switch4(config)#vlan 10                                //创建 VLAN10
Switch4(config-vlan)#vlan 20                           //创建 VLAN20
Switch4(config-vlan)#vlan 30                           //创建 VLAN30
Switch4(config-vlan)#exit                              //退出
Switch4(config)#interface range gigabitEthernet 0/1-2  //进入接口 g0/1-2
Switch4(config-if-range)#switchport mode trunk         //将接口配置成 Trunk 模式
Switch4(config)#interface fastEthernet 0/24            //进入接口 f0/24
Switch4(config-if)#switchport mode trunk               //将接口配置成 Trunk 模式
```

最后配置主机 A1 和 A4 的网络参数,将主机 A1 的地址配置为 192.168.1.10,子网掩码配置为 255.255.255.0;将主机 A4 的 IP 地址配置为 192.168.1.40,子网掩码配置为 255.255.255.0。

3. 仿真实现插入 VLAN 标记的 802.1Q 帧

交换机 Switch4 与交换机 Switch1、交换机 Switch2 以及交换机 Switch3 之间传输的协议数据单元是 802.1Q 帧,从主机 A1 发一个 ping 包给主机 A4,传输 VLAN10 数据信息,连续单击 play controls 下的 Capture/Forward 按钮,得到图 5.16 所示的仿真结果。通过展开 Switch1 到 Switch4 之间的 PDU Information at Device Switch4,在 Inbound PDU Details 中得到图 5.16 所示的 802.1Q 以太网帧结构仿真结构图。在图 5.16 中,VLAN 标记由 4B 分两部分组成,前 2B 为 802.1Q 标记类型,其值为 0x8100。后 2B 为标记控制信息(tag control information,TCI),其值为 0xa,二进制形式为 0000000000001010,前 3 位是用户优先级字段,接着的一位是规范格式指示符(canonical format indicator,CFI),最后的 12 位 000000001010 是该 VLAN 标识符(VLAN ID,VID),其值为 10,与传输 VLAN 10 的信息相符。

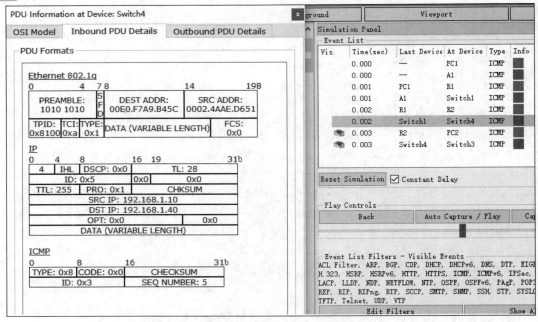

图 5.16　插入 VLAN 标记的 802.1Q 帧结构仿真图

实验 6：交换机 MAC 地址和端口的关系

网络安全涉及方方面面。从交换机来说，首先要保证交换机端口的安全，在企事业单位网络中，员工可以随意使用集线器等工具将一个上网端口增至多个，或者使用外来计算机（如自己的笔记本计算机）连接到单位网络中，给单位的网络安全带来不利的影响。

在交换机端口配置中，通常采用设置端口连接数的最大值，以及对计算机端口连接主机的 MAC 地址进行绑定，加强交换机的安全性。下面分别探讨这两种加强交换机安全性的方法。

1. 设置端口最大连接数

在交换机端口安全中，往往涉及对计算机端口可连接的主机数进行限制，以防止计算机端口连接过多的主机导致网络性能下降。如图 5.17 所示，两台交换机和一台集线器连接 4 台计算机，要求：交换机 Switch0 端口 f0/1 至多连接两台计算机，当连接的数量超过两台时，计算机端口 f0/1 自动关闭。

```
Switch0(config)#hostname Switch0                    //为交换机命名
Switch0(config)#interface fastEthernet 0/1          //进入交换机 f0/1 端口
Switch0(config-if)#switchport mode access           //配置交换机端口模式 access
Switch0(config-if)#switchport port-security         //开启交换机端口安全
Switch0(config-if)#switchport port-security violation ?
protect Security violation protect mode
restrict Security violation restrict mode
shutdown Security violation shutdown mode           //定义端口违规模式
```

3 种违规模式说明分别如下。

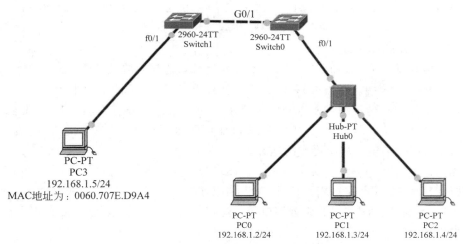

图 5.17　设置端口最大连接数网络拓扑图

protect 模式,当违规时,只丢弃违规的数据流量,不违规的正常转发,而且不会通知有流量违规,也就是不会发送 SNMP trap。

restrict 模式,当违规时,只丢弃违规的流量,不违规的正常转发,但它会产生流量违规通知,发送 SNMP trap,并且会记录日志。

shutdown,这是默认模式。当违规时,将接口变成 error-disabled,且将端口关掉;而且接口 LED 灯会关闭,也会发 SNMP trap,并会记录 syslog。

不做具体配置时,默认采用 shutdown 模式。

```
Switch0(config-if)#switchport port-security maximum 2        //将端口的最大连接数
                                                               设置为 2

Switch0(config-if)#
```

当终端计算机配置上图 5.17 所示的网络参数时,交换机 Switch0 端口 f0/1 会自动变为 shutdown 状态,具体如图 5.18 所示。

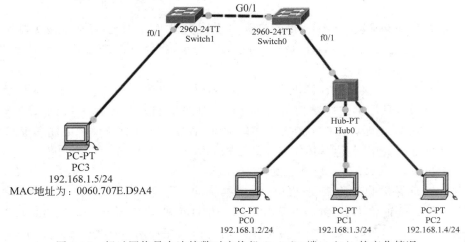

图 5.18　超过网络最大连接数时交换机 Switch0 端口 f0/1 的变化情况

可以看出,交换机 Switch0 端口 f0/1 连接的主机数量大于两台时,交换机端口自动关掉。

2. 交换机端口地址绑定

设置交换机端口安全性时,往往需要对交换机端口连接的终端计算机进行限制,即只允许某台计算机通过该端口联入网络,不允许其他计算机通过该端口联入网络。

交换机端口安全地址绑定配置方式通常有两种:一种是静态手动一对一绑定;一种是通过 sticky(黏性)绑定。黏性可靠的 MAC 地址会自动学习第一次接入的 MAC 地址,然后将这个 MAC 地址绑定为静态可靠的地址。

首先探讨静态手动一对一绑定方式。如图 5.18 所示,要求交换机 Switch1 的端口 f0/1 只能连接计算机 PC3,不能连接其他计算机,如果连接其他计算机,则交换机端口自动关掉。要完成该实验,首先将刚配置的设置端口最大连接数去掉,将整个网络恢复到正常状态。具体配置如下。

```
Switch0(config-if)#no switchport port-security maximum 2
Switch0(config-if)#shutdown
%LINK-5-CHANGED: Interface FastEthernet0/1, changed state to administratively down
Switch0(config-if)#no shu
Switch0(config-if)#
%LINK-5-CHANGED: Interface FastEthernet0/1, changed state to up
%LINEPROTO-5-UPDOWN: Line protocol on Interface FastEthernet0/1, changed state to up
```

将终端计算机 PC3 的 MAC 地址 0060.707E.D9A4 与交换机 Switch1 端口 f0/1 进行绑定,即交换机的这个端口只能连接该计算机,不能连接其他计算机,具体配置过程如下。

```
Switch(config)#interface fastEthernet 0/1        //进入交换机的 f0/1 接口
Switch(config-if)#switchport mode access         //设置端口模式为 access
Switch(config-if)#switchport port-security       //开启交换机端口安全性
Switch(config-if)#switchport port-security mac-address 0060.707E.D9A4
                                                 //静态地址绑定
```

配置的结果是交换机 Switch1 的端口 f0/1 与计算机 PC3 绑定,意味着该接口只能连接计算机 PC3,不能连接其他终端计算机。为了验证效果,将计算机 PC3 换一台计算机连接,结果如图 5.19 所示。

实验结果表明,连接其他计算机时,交换机 Switch1 的端口 f0/1 立即处于关闭状态。

其次探讨通过黏性绑定。黏性可靠的 MAC 地址会自动学习第一次接入的 MAC 地址,然后将这个 MAC 地址绑定为静态可靠的地址,省去了第一次 MAC 地址绑定时手动烦琐地逐个地址进行绑定配置,具体网络拓扑结构如图 5.20 所示。

将交换机 Switch3 端口地址绑定配置为 sticky,在初始状态下,交换机 f0/1、f0/2 以及 f0/3 分别连接计算机 PC1、PC2 以及 PC3。交换机这 3 个接口分别与这 3 台计算机的 MAC 地址进行绑定。验证将 PC4、PC5 以及 PC6 这 3 台计算机连接交换机 f0/1、f0/2 以及 f0/3。查看实验效果。先按照图 5.20 所示为每台终端计算机配置网络地址。交换机的具体配置过程如下。

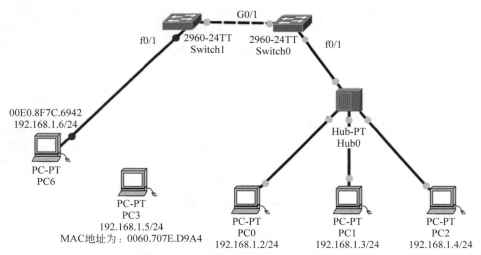

图 5.19　交换机 Switch1 的端口 f0/1 连接其他计算机的情况

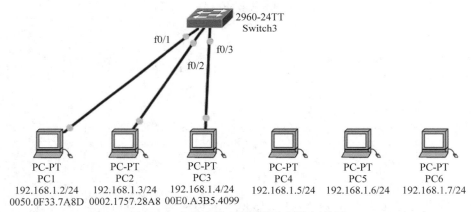

图 5.20　交换机端口黏性绑定网络拓扑图

```
Switch(config)#hostname Switch3
Switch3(config)#interface range fastEthernet 0/1 - 3
Switch3(config-if-range)#switchport mode access
Switch3(config-if-range)#switchport port-security
Switch3(config-if-range)#switchport port-security maximum 1
Switch3(config-if-range)#switchport port-security mac-address sticky
```

通过 show run 命令可以查看端口绑定情况,代码如下。

```
Switch3#show run
Building configuration...

Current configuration : 1514 bytes
!
version 12.2
no service timestamps log datetime msec
```

```
no service timestamps debug datetime msec
no service password-encryption
!
hostname Switch3
!
spanning-tree mode pvst
!
interface FastEthernet0/1
switchport mode access
switchport port-security
switchport port-security mac-address sticky
switchport port-security mac-address sticky 0050.0F33.7A8D
!
interface FastEthernet0/2
switchport mode access
switchport port-security
switchport port-security mac-address sticky
switchport port-security mac-address sticky 0002.1757.28A8
!
interface FastEthernet0/3
switchport mode access
switchport port-security
switchport port-security mac-address sticky
switchport port-security mac-address sticky 00E0.A3B5.4099
!
interface FastEthernet0/4
......
```

可以看出,交换机端口 f0/1、f0/2 以及 f0/3 分别绑定了计算机 PC1、PC2 以及 PC3。将交换机 f0/1、f0/2 以及 f0/3 分别连接计算机 PC4、PC5 以及 PC6。当这 3 台计算机有访问需求时,交换机端口状态变为 shutdown,如图 5.21 所示。

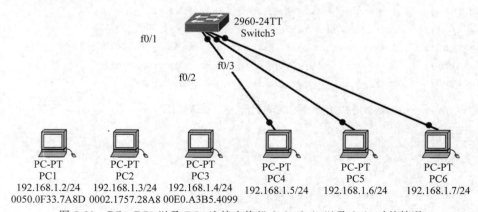

图 5.21　PC4、PC5 以及 PC6 连接交换机 f0/1、f0/2 以及 f0/3 时的情况

第6章 广　域　网

实验1：帧中继配置

1. 网络拓扑构建

网络拓扑的构建如图 6.1 所示。将一个大学的 3 个校区——北校区、西校区和东校区通过帧中继网络互联起来，以达到资源共享的目的。整个网络拓扑由 3 台 2811 路由器、3 台终端设备和帧中继云组成，3 台终端设备代表 3 个不同的网络，也就是 3 个不同的校区，它们分别和 3 台路由器的 f0/0 端口相连。3 台路由器均使用 s0/0/0 端口与帧中继云相连。

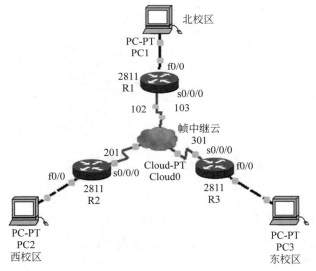

图 6.1　帧中继实验网络拓扑图

具体构建网络拓扑时须注意以下两点。

（1）分别为 3 台 2811 路由器插入广域网模块，具体操作为：①单击需要添加模块的路由器，关闭机器的电源；②在窗口的 Physical 区选择 WIC-2T 模块，将它拖到空的模块槽中，然后释放鼠标；③重新打开电源。

（2）路由器和帧中继云相连时，将帧中继云设置为 DCE 端，将 3 台路由器的 s0/0/0 端口均设置为 DTE 端。具体连接为：帧中继云的 s0 端口连接 R1 的 s0/0/0 端口，s1 端口连接 R2 的 s0/0/0 端口，s2 端口连接 R3 的 s0/0/0 端口。

2. 实验环境配置

1）IP 地址规划

将 PC1 所在的北校区的网络地址设置为 1.1.1.0/24，将 PC2 所在的西校区的网络地址设置为 2.2.2.0/24，将 PC3 所在的东校区的网络地址设置为 3.3.3.0/24，将帧中继云所在的网络地址设置为 10.0.0.0/24 和 12.0.0.0/24。

2) 在帧中继云中配置 DLCI 映射关系,建立 PVC 通道

具体通过以下两个步骤实现。

(1) 创建 DLCI 号:在帧中继的 s0 端创建两个 DLCI,分别为 102 和 103,在 s1 端创建 DLCI 为 201,在 s2 端创建 DLCI 为 301。具体操作为:①单击帧中继云,在弹出的窗口中选择 config 菜单;②单击 Interface 下的 s0,在右边窗口的 DLCI 中输入 102,在 name 中也输入 102,单击 add 按钮。用同样的方法添加 103。再用同样的方法在 s1 中添加 201,在 s2 中添加 301。

(2) 建立 PVC 通道:选择 connections 菜单中的 frame relay,在右边的窗口中将 s0 的 102 和 s1 的 201 相连(即将 S0 的 102 和 S1 的 201 建立映射关系),将 s0 的 103 和 s2 的 301 相连(即将 S0 的 103 和 S2 的 301 建立映射关系),也就是建立两条 PVC 通道。可以看出,将路由器 R1 的 s0/0/0 物理接口分成了两个不同的逻辑通道。

3. 实验设计与实验

1) IP 和 DLCI 的动态反转 ARP 映射实验

IP 和 DLCI 的映射关系是动态自动获得的。

首先配置 R1 路由器,代码如下。

```
Router#config t                               //进全局配置模式
Router(config)#hostname R1                    //为路由器命名为 R1
R1(config)#interface fastEthernet 0/0         //进入接口 f0/0
R1(config-if)#ip address 1.1.1.1 255.255.255.0 //为该接口配置 IP 地址
R1(config-if)#exit                            //退出接口模式
R1(config)#interface serial 0/0/0             //进入接口 s0/0/0
R1(config-if)#no shu                          //激活接口 s0/0/0
R1(config-if)#ip address 10.0.0.1 255.255.255.0 //为接口 s0/0/0 配置 IP 地址
R1(config-if)#encapsulation frame-relay       //配置帧中继封装格式
```

这里可以指定 LMI 的类型。如果是 Cisco 的设备,也可以不指定,默认类型为 Cisco。由于 R1 作为 DTE 设备,故在此不配时钟频率。

同样配置路由器 R2 和 R3。

配置完成后可以查看动态映射表。

```
R1#show frame-relay map                       //查看 R1 路由器中帧中继动态映射表
Serial0/0/0 (up): ip 10.0.0.2 dlci 102, dynamic, broadcast, CISCO, status
defined, active
Serial0/0/0 (up): ip 10.0.0.3 dlci 103, dynamic, broadcast, CISCO, status
defined, active
```

可以看出是对端的 IP 地址和本端的 DLCI 号形成的动态映射关系,使用的 LMI 为 Cisco 协议。

```
R2#show frame-relay map                       //查看 R2 路由器中帧中继动态映射表
Serial0/0/0 (up): ip 10.0.0.1 dlci 201, dynamic, broadcast, CISCO, status
defined, active
R3#show frame-relay map                       //查看 R3 路由器中帧中继动态映射表
```

```
Serial0/0/0 (up): ip 10.0.0.1 dlci 301, dynamic, broadcast, CISCO, status
defined, active
```

均为对端的 IP 地址和本端的 DLCI 号形成的动态映射关系,使用的 LMI 均为 Cisco 协议,建立好动态映射就可以进行网络连通性测试了。分别从 R1 路由器 ping 路由器 R2 和 R3,结果是通的。

2）IP 和 DLCI 的静态映射实验

IP 和 DLCI 的映射关系是手动指定的。

```
R1#clear frame-relay inarp                       //清除 R1 路由器中帧中继动态映射表
R1#config t                                      //进入路由器 R1 的全局配置模式
R1(config)#interface serial 0/0/0                //进入路由器 R1 的 s0/0/0 端口
R1(config-if)#frame-relay map ip 10.0.0.1 102  broadcast
//手动指定帧中继静态映射,遵循对端的 IP 地址 10.0.0.1 和本端的 DLCI 号 102 形成映射关系
R1(config-if)#frame-relay map ip 10.0.0.2 102  broadcast
//手动指定帧中继静态映射,遵循对端的 IP 地址 10.0.0.2 和本端的 DLCI 号 102 形成映射关系
R1(config-if)#frame-relay map ip 10.0.0.3 103  broadcast
//手动指定帧中继静态映射,遵循对端的 IP 地址 10.0.0.3 和本端的 DLCI 号 103 形成映射关系
R1#show frame-relay map                          //查看 R1 路由器中帧中继静态映射表
Serial0/0/0 (up): ip 10.0.0.1 dlci 102, static, CISCO, status defined, active
Serial0/0/0 (up): ip 10.0.0.2 dlci 102, static, CISCO, status defined, active
Serial0/0/0 (up): ip 10.0.0.3 dlci 103, static, CISCO, status defined, active
```

用同样的方法设置路由器 R2 和 R3。

```
R2#show frame-relay map                          //查看 R2 路由器中帧中继静态映射表
Serial0/0/0 (up): ip 10.0.0.1 dlci 201, static, CISCO, status defined, active
Serial0/0/0 (up): ip 10.0.0.2 dlci 201, static, CISCO, status defined, active
Serial0/0/0 (up): ip 10.0.0.3 dlci 201, static, CISCO, status defined, active
R3#show frame-relay map                          //查看 R3 路由器中帧中继静态映射表
Serial0/0/0 (up): ip 10.0.0.1 dlci 301, static, CISCO, status defined, active
Serial0/0/0 (up): ip 10.0.0.2 dlci 301, static, CISCO, status defined, active
Serial0/0/0 (up): ip 10.0.0.3 dlci 301, static, CISCO, status defined, active
//均为手动指定的对端的 IP 地址和本端的 DLCI 号形成映射关系
```

建立好静态映射就可以进行网络连通性测试了。3 台路由器互相 ping,结果是通的。

3）帧中继子接口

水平分割是一种避免路由环出现的技术,也就是从一个接口收到的路由更新不会把这条路由更新从这个接口再发送出去。水平分割在 Hub-and-Spoke 结构帧中继网络中会带来问题。Spoke 路由器中的路由更新不能很好地被 Hub 路由器转发,导致网络路由信息不能更新。解决的方法有 3 种：①当把一个接口用 Cisco 类型封装的时候,Cisco 默认是关闭水平分割的;②手动关闭某个接口的水平分割功能,命令是 no ip split;③使用子接口。子接口有两种类型,即 point-to-point 和 point-to-multipoint。这里介绍 point-to-point,在路由器 R1 上创建两个点到点子接口,分别与路由器 R2 和路由器 R3 上创建的点到点子接口形成点到点连接,采用 Hub-and-Spoke 拓扑结构,整个网络运行 RIP。

　　具体操作为：在路由器 R1 的 S0/0/0 上创建两个子端口,分别为 S0/0/0.102 和 S0/0/0.103。在 R2 路由器的 S0/0/0 上创建子接口 S0/0/0.201,在 R3 路由器的 S0/0/0 上创建子接口 S0/0/0.301,最终使不同的 PVC 逻辑上属于不同的子网。将路由器 R1 的 S0/0/0.102 和路由器 R2 的 S0/0/0 上子接口 S0/0/0.201 连接的 PVC 的网络地址设置为 10.0.0.0/24,将路由器 R1 的 S0/0/0.103 和路由器 R3 的 S0/0/0 上子接口 S0/0/0.301 连接的 PVC 的网络地址设置为 12.0.0.0/24。

```
R1(config)#interface serial 0/0/0              //进入路由器 R1 的 s0/0/0 端口
R1(config-if)#no ip add                        //去掉接口的 IP 地址
R1(config-if)#no shu                            //激活该端口
R1(config-if)#encapsulation frame-relay        //配置帧中继封装格式
R2(config)#interface serial 0/0/0              //进入路由器 R2 的 s0/0/0 端口
R2(config-if)#no ip add                        //去掉接口的 IP 地址
R2(config-if)#no shu                            //激活该端口
R2(config-if)#encapsulation frame-relay        //配置帧中继封装格式
R3(config)#interface serial 0/0/0              //进入路由器 R3 的 s0/0/0 端口
R3(config-if)#no ip add                        //去掉接口的 IP 地址
R3(config-if)#no shu                            //激活该端口
R3(config-if)#encapsulation frame-relay        //配置帧中继封装格式
R1(config)#interface serial 0/0/0.102 point-to-point  //进入 S0/0/0.102 点到点子接口
R1(config-subif)#ip address 10.0.0.1 255.255.255.0    //为子接口配置 IP 地址
R1(config-subif)#frame-relay interface-dlci 102
//点到点的子接口,只要指定从 DLCI 号为 102 的通道出去可以直接到达对方
R1(config-subif)#exit                          //退出
R1(config)#interface serial 0/0/0.103 point-to-point  //进入 S0/0/0.103 点到点子接口
R1(config-subif)#ip address 12.0.0.1 255.255.255.0    //为子接口配置 IP 地址
R1(config-subif)#frame-relay interface-dlci 103
//点到点的子接口,只要指定从 DLCI 号为 103 的通道出去可以直接到达对方
R2(config)#interface serial 0/0/0.201 point-to-point  //进入 S0/0/0.201 点到点子接口
R2(config-subif)#ip address 10.0.0.2 255.255.255.0    //为子接口配置 IP 地址
R2(config-subif)#frame-relay interface-dlci 201
//点到点的子接口,只要指定从 DLCI 号为 201 的通道出去可以直接到达对方
R3(config)#interface serial 0/0/0.301 point-to-point  //进入 S0/0/0.301 点到点子接口
R3(config-subif)#ip address 12.0.0.2 255.255.255.0    //为子接口配置 IP 地址
R3(config-subif)#frame-relay interface-dlci 301
//点到点的子接口,只要指定从 DLCI 号为 301 的通道出去可以直接到达对方
R1#show frame-relay map                        //查看 R1 路由器中帧中继映射表
Serial0/0/0.102 (up): point-to-point dlci, dlci 102, broadcast, status defined,
active
Serial0/0/0.103 (up): point-to-point dlci, dlci 103, broadcast, status defined,
active
R2#show frame-relay map                        //查看 R2 路由器中帧中继映射表
Serial0/0/0.201 (up): point-to-point dlci, dlci 201, broadcast, status defined,
active
R3#show frame-relay map                        //查看 R3 路由器中帧中继映射表
```

```
Serial0/0/0.301 (up): point-to-point dlci, dlci 301, broadcast, status defined,
active
```

以上输出表明,路由器使用了点对点子接口,在每条映射条目中,只看到该子接口下的DLCI,没有对端的 IP 地址。

4)帧中继上的路由协议的配置,使整个网络互联

通过帧中继云将 3 个不同网段连接起来,需要在帧中继上配置路由协议。以配置 RIP路由协议为例,实现不同网段的互联。

```
R1(config)#router rip                       //启用动态路由协议 RIP
R1(config-router)#version 2                 //启用版本 2
R1(config-router)#no au                     //取消自动汇总功能
R1(config-router)#network 10.0.0.0
R1(config-router)#network 12.0.0.0
R1(config-router)#network 1.0.0.0
R2#config t
R2(config)#router rip                       //启用动态路由协议 RIP
R2(config-router)#version 2                 //启用版本 2
R2(config-router)#no auto-summary           //取消自动汇总功能
R2(config-router)#network 10.0.0.0
R2(config-router)#network 2.0.0.0
R3#config t
R3(config)#router rip                       //启用动态路由协议 RIP
R3(config-router)#version 2                 //启用版本 2
R3(config-router)#no auto-summary           //取消自动汇总功能
R3(config-router)#network 12.0.0.0
R3(config-router)#network 3.0.0.0
```

4. 实验效果验证

通过 R1#show ip route 命令查看路由表,获得了动态路由信息,可以确定整个网络互联,通过 PC1 ping PC2 对结果进行验证。

```
PC>ping 2.2.2.2
Pinging 2.2.2.2 with 32 bytes of data:
Request timed out.
Reply from 2.2.2.2: bytes=32 time=125ms TTL=126
Reply from 2.2.2.2: bytes=32 time=94ms TTL=126
Reply from 2.2.2.2: bytes=32 time=125ms TTL=126
```

结果是联通的。

PC1 和 PC3 连通性测试结果如下。

```
PC>ping 3.3.3.3
Pinging 3.3.3.3 with 32 bytes of data:
Request timed out.
Reply from 3.3.3.3: bytes=32 time=188ms TTL=125
Reply from 3.3.3.3: bytes=32 time=172ms TTL=125
```

```
Reply from 3.3.3.3: bytes=32 time=187ms TTL=125
```

结果表明,该所大学的 3 个校区通过帧中继网络互联起来,能够实现资源共享。

帧中继已经成为应用广泛的 WAN 协议之一,通过 Packet Tracer 仿真软件可以模拟真实的帧中继网络,每个学生能够独立完成帧中继网络的组建、配置、验收等整个网络工程过程。

实验 2：IPSec VPN

IPSec VPN 的配置过程如下。

1）网络拓扑结构设计

IPSec VPN 的配置仿真环境为：苏州大学文正学院远离苏州大学本部,实行两地办学,两地都有规模庞大的校园网络。由于两地相距很远,导致校园网联网困难,给日常的工作带来了麻烦。现在要求使用 IPSec VPN 技术将两地校园网安全地连接起来,使两地的校园网络构成一个大的网络。IPSec VPN 配置实验拓扑结构图如图 6.2 所示。

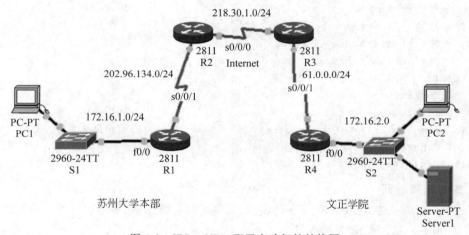

图 6.2　IPSec VPN 配置实验拓扑结构图

整个网络工程结构总体分为 3 大块,分别为苏州大学本部校园网、文正学院校园网以及 Internet 网络。两部分校园网均连入了 Internet 网络。为了完成该实验,设计了图 6.2 所示的网络拓扑图。在图 6.2 中,路由器 R1 为苏州大学本部的出口路由器,路由器 R4 为文正学院的出口路由器,路由器 R2 和 R3 属于电信部门的路由器,用它们模拟 Internet 网络。苏州大学本部和文正学院的内部网络中均连接了终端设备,用于测试网络的连通性。文正学院内部网络中还放置了服务器。

在 Cisco Packet Tracer 模拟软件中构建图 6.2 所示的网络拓扑图,包括 4 台 2811 路由器、两台 2960 交换机、两台 PC 和一台服务器。默认的 2811 路由器是没有广域网模块的,需要添加。步骤如下：①单击路由器,弹出图 6.3 所示的对话框,关闭电源；②在 Physical区拖动 WIC-2T 模块到模块槽；③重新打开电源。用同样的方法添加 WIC-2T 模块到其他路由器。

接下来根据图 6.2 进行网络连线。

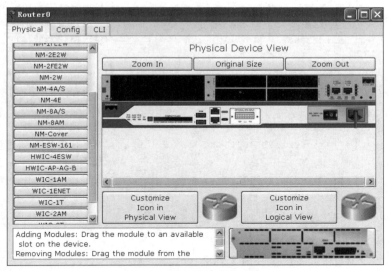

图 6.3 添加删除模块窗口

2）IP 地址规划

规划 IP 地址时，将校园网内部设置为私有 IP 地址，将苏州大学本部设置为 172.16.1.0/24，文正学院设置为 172.16.2.0/24。苏州大学本部和 Internet 之间的 IP 网段设置为 202.96.134.0/24，文正学院和 Internet 网之间的 IP 网段设置为 61.0.0.0/24。两个外网路由器之间的 IP 网络设置为 218.30.1.0/24，具体如图 6.2 所示。

接下来为终端机器设置 IP 地址，具体操作如下。

将苏州大学本部 PC1 的 IP 地址设置为 172.168.1.2，子网掩码为 255.255.255.0，网关地址设置为 172.16.1.1；将文正学院 PC2 的 IP 地址设置为 172.16.2.2，子网掩码为 255.255.255.0，网关设置为 172.16.2.1；将 Server1 的 IP 地址设置为 172.16.2.3，子网掩码为 255.255.255.0，网关设置为 172.16.2.1。

3）具体实验配置

（1）模拟 Internet。

```
Router#config t                                      //进入全局配置模式
Router(config)#hostname R2                           //路由器命名为 R2
R2(config)#interface serial 0/0/0                     //进入路由器接口 s0/0/0
R2(config-if)#no shu                                  //激活路由器接口 s0/0/0
R2(config-if)#clock rate 64000                        //设置端口的时钟频率为 64000
R2(config-if)#ip address 218.30.1.1 255.255.255.0     //设置端口的 IP 地址
R2(config-if)#exit                                    //退出
R2(config)#interface serial 0/0/1                     //进入路由器接口 s0/0/1
R2(config-if)#ip address 202.96.134.2 255.255.255.0
//为路由器接口 s0/0/1 设置 IP 地址
R2(config-if)#no shu                                  //激活 s0/0/1 接口
R2(config-if)#clock rate 64000                        //设置接口 s0/0/1 的时钟频率
R2(config-if)#exit                                    //退出
R2(config)#ip route 61.0.0.0 255.255.255.0 218.30.1.2 //为路由器 R2 配置静态路由
```

```
Router#config t                                    //进入第三台路由器的全局配置模式
Router(config)#hostname R3                         //为路由器命名为 R3
R3(config)#interface serial 0/0/0                   //进入路由器的接口 s0/0/0
R3(config-if)#no shu                               //激活接口 s0/0/0
R3(config-if)#ip address 218.30.1.2 255.255.255.0  //为路由器接口 s0/0/0 设置 IP 地址
R3(config-if)#clock rate 64000                     //设置接口的时钟频率为 64000Hz
R3(config-if)#exit                                 //退出
R3(config)#interface serial 0/0/1                   //进入路由器接口 s0/0/1
R3(config-if)#ip address 61.0.0.1 255.255.255.0    //设置接口的 IP 地址
R3(config-if)#no shu                               //激活接口
R3(config-if)#clock rate 64000                     //设置接口的时钟频率为 64000Hz
R3(config-if)#exit                                 //退出
R3(config)#ip route 202.96.134.0 255.255.255.0 218.30.1.1   //为路由器 R3 设置静态路由
```

经过以上设置,模拟的 Internet 网就组建起来了。

(2) 对路由器 R1 和 R4 进行 IPSec VPN 设置。

首先设置路由器 R1。

```
Router#config t               //进入苏大本部连入 Internet 网路由器的全局配置模式
Router(config)#hostname R1    //为路由器命名为 R1
R1(config)#interface serial 0/0/1                   //进入路由器的端口 s0/0/1
R1(config-if)#no shu                               //激活路由器的 s0/0/1 端口
R1(config-if)#ip address 202.96.134.1 255.255.255.0  //设置端口的 IP 地址
R1(config-if)#exit                                 //退出
R1(config)#interface fastEthernet 0/0              //进入路由器的接口 f0/0
R1(config-if)#ip address 172.16.1.1 255.255.255.0
//为路由器的接口 f0/0 设置 IP 地址
R1(config-if)#no shu                               //激活路由器的 f0/0 端口
R1(config-if)#exit                                 //退出
R1(config)#ip route 0.0.0.0 0.0.0.0 202.96.134.2   //为路由器 R1 设置默认路由
R1(config)#crypto isakmp policy 10
//创建一个 isakmp 策略,编号为 10。可以有多个策略
R1(config-isakmp)#hash md5
//配置 isakmp 采用什么 HASH 算法,可以选择 sha 和 md5 这里选择 md5
R1(config-isakmp)#authentication pre-share
//配置 isakmp 采用什么身份认证算法,这里采用预共享密码。如果有 CA 服务器,也可以用 CA(电
//子证书)进行身份认证
R1(config-isakmp)#group 5
//配置 isakmp 采用什么密钥交换算法,这里采用 DH group5,可以选择 1、2 和 5
R1(config-isakmp)#exit                             //退出
R1(config)#crypto isakmp key cisco address 61.0.0.2
//配置对等体 61.0.0.2 的预共享密码为 cisco,双方配置的密码要一致才行
R1(config)#access-list 110 permit ip 172.16.1.0 0.0.0.255 172.16.2.0 0.0.0.255
//定义一个 ACL,指明什么样的流量要通过 VPN 加密发送,这里限定从苏大本部发出到达文正学院
//的流量才进行加密,其他流量(如到 Internet)不要加密
R1(config)#crypto ipsec transform-set TRAN esp-des esp-md5-hmac
```

//创建一个 IPSec 转换集,名称为 TRAN,该名称本地有效,这里的转换集采用 ESP 封装,加密算法为
//AES,HASH 算法为 SHA。双方路由器要有一个参数一致的转换集
R1(config)#crypto map MAP 10 ipsec-isakmp
//创建加密图,名为 MAP,10 为该加密图其中之一的编号,名称和编号都本地有效,如果有多个编号,
//路由器将从小到大逐一匹配
R1(config-crypto-map)#set peer 61.0.0.2　　　　　　　　//指明路由器对等体为路由器 R4
R1(config-crypto-map)#set transform-set TRAN　　//指明采用之前已经定义的转换集 TRAN
R1(config-crypto-map)#match address 110
//指明匹配 ACL 为 110 的定义流量就是 VPN 流量
R1(config-crypto-map)#exit　　　　　　　　　　　　　　//退出
R1(config)#interface serial 0/0/1　　　　　　　　　　//进入接口 s0/0/1
R1(config-if)#crypto map MAP　　　　　　　　　　　　//在接口上应用之前创建的加密图 MAP

配置路由器 R4。

Router#config t
//进入文正学院连入 Internet 网的路由器的全局配置模式
Router(config)#hostname R4　　　　　　　　　　　　　//为该路由器命名为 R4
R4(config)#interface serial 0/0/1　　　　　　　　　//进入路由器的接口 s0/0/1
R4(config-if)#ip address 61.0.0.2 255.255.255.0　//为路由器接口 s0/0/1 配置 IP 地址
R4(config-if)#no shu　　　　　　　　　　　　　　　　//激活路由器的接口 s0/0/1
R4(config-if)#exit　　　　　　　　　　　　　　　　　//退出
R4(config)#interface fastEthernet 0/0　　　　　　//进入路由器 R4 的以太网口 f0/0
R4(config-if)#no shu　　　　　　　　　　　　　　　　//激活以太网口
R4(config-if)#ip address 172.16.2.1 255.255.255.0　//为以太网口配置 IP 地址
R4(config-if)#no shu　　　　　　　　　　　　　　　　//激活以太网口
R4(config-if)#exit　　　　　　　　　　　　　　　　　//退出
R4(config)#ip route 0.0.0.0 0.0.0.0 61.0.0.1　　　//为路由器 R1 设置默认路由
R4(config)#crypto isakmp policy 10　//创建一个 isakmp 策略,编号为 10。可以有多个策略
R4(config-isakmp)#hash md5
//配置 isakmp 采用什么 HASH 算法,可以选择 sha 和 md5,这里选择 md5
R4(config-isakmp)#authentication pre-share
//配置 isakmp 采用什么身份认证算法,这里采用预共享密码。如果有 CA 服务器,也可以用 CA(电
//子证书)进行身份认证
R4(config-isakmp)#group 5
//配置 isakmp 采用什么密钥交换算法,这里采用 DH group5,可以选择 1、2 和 5
R4(config-isakmp)#exit　　　　　　　　　　　　　　　//退出
R4(config)#crypto isakmp key cisco address 202.96.134.1
//配置对等体 61.0.0.2 的预共享密码为 cisco,双方配置的密码要一致才行
R4(config)#access-list 110 permit ip 172.16.2.0 0.0.0.255 172.16.1.0 0.0.0.255
//定义一个 ACL,用来指明什么样的流量要通过 VPN 加密发送,这里限定的是从文正学院发出到达
//苏大本部的流量才进行加密,其他流量(如到 Internet)不要加密
R4(config)#crypto ipsec transform-set TRAN esp-des esp-md5-hmac
//创建一个 IPSec 转换集,名称为 TRAN,该名称本地有效,这里的转换集采用 ESP 封装,加密算法
//为 AES,HASH 算法为 SHA。双方路由器要有一个参数一致的转换集
R4(config)#crypto map MAP 10 ipsec-isakmp

```
//创建加密图,名为 MAP,10 为该加密图其中之一的编号,名称和编号都本地有效,如果有多个编号,
//路由器将从小到大逐一匹配
R4(config-crypto-map)#set peer 202.96.134.1       //指明路由器对等体为路由器 R1
R4(config-crypto-map)#set transform-set TRAN      //指明采用之前已经定义的转换集 TRAN
R4(config-crypto-map)#match address 110
//指明匹配 ACL 为 110 的定义流量就是 VPN 流量
R4(config-crypto-map)#exit                         //退出
R4(config)#interface serial 0/0/1                  //进入路由器的接口 s0/0/1
R4(config-if)#crypto map MAP                       //在接口上应用之前创建的加密图 MAP
```

4）实验的运行与测试、实验效果验证

经过以上配置过程,对实验结果进行测试。

从苏州大学本部的 PC ping 文正学院的服务器 s1,结果如下。

```
Packet Tracer PC Command Line 1.0
PC>ping 172.16.2.3
Pinging 172.16.2.3 with 32 bytes of data:
Request timed out.
Request timed out.
Reply from 172.16.2.3: bytes=32 time=157ms TTL=126
Reply from 172.16.2.3: bytes=32 time=203ms TTL=126
```

从苏州大学本部的 PC ping 文正学院的计算机 PC2,结果如下。

```
PC>ping 172.16.2.2
Pinging 172.16.2.2 with 32 bytes of data:
Request timed out.
Reply from 172.16.2.2: bytes=32 time=203ms TTL=126
Reply from 172.16.2.2: bytes=32 time=219ms TTL=126
Reply from 172.16.2.2: bytes=32 time=203ms TTL=126
```

以上结果表明,苏州大学本部和文正学院已经实现了互联互通。

利用 Packet Tracer 软件可以仿真现实中的网络工程项目,完成真实网络工程项目从分析、设计、配置、测试以及运行维护等一系列的过程,在资金有限以及真实实训环境难以组建的情况下能够达到很好的教学效果。

实验 3：GRE over IPSec VPN

接下来通过仿真一个实验环境具体实现 GRE over IPSec VPN 过程。

1）网络拓扑结构的分析、设计

首先介绍仿真网络环境的基本状况：一家公司在上海成立了总公司,随着公司业务的发展,北京成立了分公司,两地均有各自独立的局域网络。由于分公司要远程访问总公司的各种内部网络资源,如 FTP 服务器、考勤系统、人事系统、财务系统以及内部 Web 网站等,因此需要将两地独立的局域网络互联起来,将相距较远的局域网进行互联,需要借助 Internet。

该网络的拓扑结构总体分为 3 部分：上海总公司、北京分公司以及连接两地的 Internet。可利用 4 台路由器和两台计算机简单描述该网络拓扑。其中 PC0 表示上海总公司的一台普通计算机,路由器 R1 为上海总公司的出口路由器,路由器 R3 为上海总公司连接的 Internet 服务提供商的路由器。PC1 为北京分公司的一台普通计算机,路由器 R2 为北京分公司的出口路由器,路由器 R4 为北京分公司连接的 Internet 服务提供商的路由器。上海总公司的 Internet 服务提供商和北京分公司的 Internet 服务提供商通过 Internet 互联起来,具体网络拓扑如图 6.4 所示。

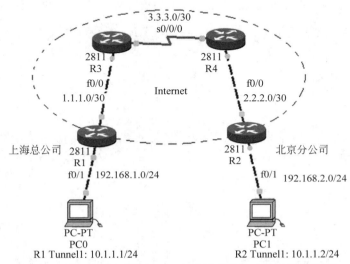

图 6.4　GRE over IPSec VPN 实现异地网络互联网络拓扑图

2）网络地址规划

由于上海总公司和北京分公司的内部局域网规模均不大,故将它们规划为 C 类私有地址,上海总公司的网络地址规划为 192.168.1.0/24,北京分公司规划为 192.168.2.0/24。上海总公司出口路由器连接 Internet 服务提供商的网络地址为 1.1.1.0/30,北京分公司为 2.2.2.0/30,上海和北京之间的网络地址为 3.3.3.0/30。

由于两地之间要借助于 GRE 隧道进行互联,因此路由器 R1 连接路由器 R2 的隧道的地址为 10.1.1.1/24,路由器 R2 连接路由器 R1 的隧道的地址为 10.1.1.2/24。

3）具体实现过程

（1）配置 R1 与 R2 的 Internet 连通性。

对路由器 R1、R2、R3 以及 R4 进行基本配置,包括端口地址的配置、端口的激活以及广域网 DCE 端口的时钟配置。具体地址配置如表 6.1 所示。

表 6.1　IP 地址分配

设备	R1	R2	R3	R4	PC0	PC1
f0/0	1.1.1.1/30	2.2.2.2/30	1.1.1.2/30	2.2.2.1/30	IP 地址：192.168.1.2/24 默认网关：192.168.1.1	IP 地址：192.168.2.2/24 默认网关：192.168.2.1
f0/1	192.168.1.1/24	192.168.2.1/24				
S0/0/0			3.3.3.1/30	3.3.3.2/30		

（2）配置路由，使得 Internet 连通。

首先，在 R1 和 R2 上配置默认路由，使非内网数据包指向 Internet。

```
R1(config)#ip route 0.0.0.0 0.0.0.0 1.1.1.2      //配置 R1 指向 Internet 的默认路由
R2(config)#ip route 0.0.0.0 0.0.0.0 2.2.2.1      //配置 R2 指向 Internet 的默认路由
```

其次，在 R3 和 R4 上配置静态路由，使其互相连通。

```
R3(config)#ip route 2.2.2.0 255.255.255.252 3.3.3.2      //配置 R3 指向 R4 的静态路由
R4(config)#ip route 1.1.1.0 255.255.255.252 3.3.3.1      //配置 R4 指向 R3 的静态路由
```

最后测试连通性：在路由器 R1 上 ping 路由器 R2 的端口 f0/0 的 IP 地址 2.2.2.2，结果是通的。

（3）对路由器 R1 和 R2 进行 GRE 隧道配置。

首先配置路由器 R1。

```
R1(config)#interface tunnel 1                         //在路由器 R1 上创建隧道 1
R1(config-if)#ip address 10.1.1.1 255.255.255.0      //为路由器 R1 的隧道 1 设置 IP 地址
R1(config-if)#tunnel source fastEthernet 0/0         //指定隧道的源接口为 f0/0
R1(config-if)#tunnel destination 2.2.2.2             //指定隧道的目的接口地址为 2.2.2.2
```

其次配置路由器 R2。

```
R2(config)#interface tunnel 1                         //在路由器 R2 上创建隧道 1
R2(config-if)#ip address 10.1.1.1 255.255.255.0      //为路由器 R2 的隧道 1 设置 IP 地址
R2(config-if)#tunnel source fastEthernet 0/0         //指定隧道的源接口为 f0/0
R2(config-if)#tunnel destination 1.1.1.1             //指定隧道的目的接口地址为 1.1.1.1
```

（4）在 R1 和 R2 上配置动态路由协议。

首先配置路由器 R1。

```
R1(config)#router rip                        //在路由器 R1 上启用动态路由协议 RIP
R1(config-router)#version 2                  //启用动态路由协议 RIP 的版本 2
R1(config-router)#no auto-summary            //取消自动汇总功能
R1(config-router)#network 192.168.1.0        //宣告网络地址 192.168.1.0
R1(config-router)#network 10.0.0.0           //宣告网络地址 10.0.0.0
```

其次配置路由器 R2。

```
R2(config)#router rip                        //在路由器 R2 上启用动态路由协议 RIP
R2(config-router)#version 2                  //启用动态路由协议 RIP 的版本 2
R2(config-router)#no auto-summary            //取消自动汇总功能
R2(config-router)#network 192.168.2.0        //宣告网络地址 192.168.2.0
R2(config-router)#network 10.0.0.0           //宣告网络地址 10.0.0.0
```

最后测试网络的连通性。

PC0 ping PC1 结果是通的。

```
PC>ping 192.168.2.2
Reply from 192.168.2.2: bytes=32 time=156ms TTL=126
```

```
Reply from 192.168.2.2: bytes=32 time=139ms TTL=126
```

（5）配置 R1 的 IKE 参数和 IPSec 参数。

首先配置 R1 的 IKE 参数。

```
R1(config)#crypto isakmp policy 1                    //创建 IKE 策略
R1(config-isakmp)#encryption 3des                    //使用 3DES 加密算法
R1(config-isakmp)#authentication pre-share           //使用预共享密钥验证方式
R1(config-isakmp)#hash sha                           //使用 SHA-1 算法
R1(config-isakmp)#group 2                            //使用 DH 组 2
R1(config-isakmp)#exit
R1(config)#crypto isakmp key 123456 address 2.2.2.2            //配置预共享密钥
```

其次配置 R1 的 IPSec 参数。

```
R1(config)#crypto ipsec transform-set 3des_sha esp-sha-hmac
//配置 IPSec 转换集,使用 ESP 协议、3DES 算法和 SHA-1 散列算法
R1(cfg-crypto-trans)#mode transport                 //指定 IPSec 工作模式为传输模式
R1(config)#access-list 100 permit gre host 1.1.1.1 host 2.2.2.2
//针对 GRE 隧道的流量进行保护
R1(config)#crypto map to_R2 1 ipsec-isakmp          //配置 IPSec 加密映射
R1(config-crypto-map)#match address 100             //应用加密访问控制列表
R1(config-crypto-map)#set transform-set 3des_sha    //应用 IPSec 转换集
R1(config-crypto-map)#set peer 2.2.2.2              //配置 IPSec 对等体地址
R1(config-crypto-map)#exit
R1(config)#interface fastEthernet 0/0
R1(config-if)#crypto map to_R2                      //将 IPSec 加密映射应用到接口
```

（6）配置 R2 的 IKE 参数和 IPSec 参数。

首先配置 R2 的 IKE 参数。

```
R2(config)#crypto isakmp policy 1                    //创建 IKE 策略
R2(config-isakmp)#encryption 3des                    //使用 3DES 加密算法
R2(config-isakmp)#authentication pre-share           //使用预共享密钥验证方式
R2(config-isakmp)#hash sha                           //使用 SHA-1 算法
R2(config-isakmp)#group 2                            //使用 DH 组 2
R2(config-isakmp)#exit
R2(config)#crypto isakmp key 123456 address 1.1.1.1 //配置预共享密钥
```

其次配置 R2 的 IPSec 参数。

```
R2(config)#crypto ipsec transform-set 3des_sha esp-sha-hmac
//配置 IPSec 转换集,使用 ESP 协议、3DES 算法和 SHA-1 散列算法
R2(cfg-crypto-trans)#mode transport                 //配置 IPSec 工作模式为传输模式
R2(config)#access-list 100 permit gre host 2.2.2.2 host 1.1.1.1
//针对 GRE 隧道的流量进行保护
R2(config)#crypto map to_R1 1 ipsec-isakmp          //配置 IPSec 加密映射
R2(config-crypto-map)#match address 100             //应用加密访问控制列表
```

```
R2(config-crypto-map)#set transform-set 3des_sha   //应用 IPSec 转换集
R2(config-crypto-map)#set peer 1.1.1.1             //配置 IPSec 对等体地址
R2(config-crypto-map)#exit
R2(config)#interface fastEthernet 0/0
R2(config-if)#crypto map to_R1                     //将 IPSec 加密映射应用到接口
```

4）实验的运行与测试、实验效果验证

PC0 ping PC1 结果是通的，表示构建 GRE over IPSec VPN 隧道建立成功。

```
PC>ping 192.168.2.2
Reply from 192.168.2.2: bytes=32 time=156ms TTL=126
Reply from 192.168.2.2: bytes=32 time=139ms TTL=126
```

第7章 网 络 层

实验 1：ARP 分析

1. 同一局域网通信时 ARP 工作原理的仿真实验设计与实现

同一局域网通信时 ARP 工作原理仿真拓扑结构如图 7.1 所示。为了仿真总线型共享网络的特点，以集线器（HUB）为网络互联设备，连接 A、B、X、Y、Z 共 5 台终端计算机，图 7.1 标明了 5 台计算机的 IP 地址以及对应的硬件地址。

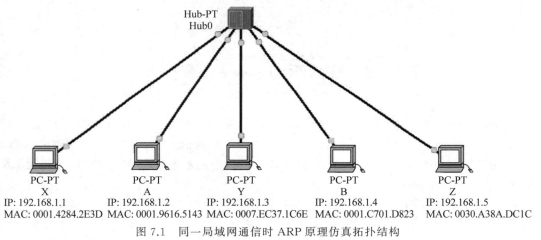

图 7.1 同一局域网通信时 ARP 原理仿真拓扑结构

ARP 工作原理仿真实验的实现，在初始状态下通过命令"arp -a"查看各终端计算机 ARP 高速缓存中的 ARP 列表，结果显示为 No ARP Entries Found，均为空。

为了仿真 A 与 B 通信，在 A 上利用 ICMP 发送 ping 包给 B。A 首先查看 ARP 高速缓存 ARP 列表中是否有目的主机 B 的硬件地址，由于初始状态 ARP 列表均为空，此时 A 向整个局域网发送 ARP 广播请求，请求 IP 地址为 192.168.1.4（B 的 IP 地址）的计算机硬件地址，该广播请求被除 A 本身以外的所有计算机接收。具体仿真过程为：选择 Packet Tracer 仿真软件的模拟模式，选择该模式下的 Edit Filters（编辑过滤器），清除除 ARP 外的所有默认选择，打开主机 A 的 Command Prompt，输入命令 ping 192.168.1.4 后按 Enter 键确认。此时主机 A 上生成了一个 ARP 广播请求包。

对照前面分析的以太网帧结构以及 ARP 报文格式，可以看出，以太网帧的类型为 0x0806，即上层使用的是 ARP，目的硬件地址为 FFFF.FFFF.FFFF，源硬件地址为 0001.9616.5143，即主机 A 的硬件地址。在 ARP 报文格式中，操作类型 OPCODE 的值为 0x1，表示为 ARP 请求报文，源硬件地址为 0001.9616.5143，源 IP 地址为 192.168.1.2，即源主机 A 的硬件地址和 IP 地址。目的主机的硬件地址为全 0，即 0000.0000.0000，IP 地址为 192.168.1.4，即 B 主机的 IP 地址，如图 7.2 所示。

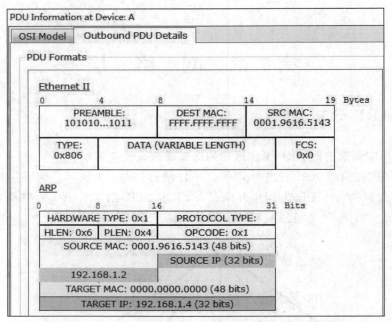

图 7.2　主机 A 的 PDU 包括以太网帧格式以及 ARP 报文格式

接下来通过单击 Capture/Forward（捕获/转发）按钮仿真数据包详细的传输过程。图 7.3所示为局域网的计算机对主机 A 的 ARP 请求包的响应,结果表明,除了主机 B 有响应,其他的计算机均没有响应该 ARP 请求包。根据前面的原理分析,此时主机 B 的 ARP 高速缓存中应该记录了主机 A 的 IP 地址与 MAC 地址之间的映射关系。在主机 B 上通过"arp -a"命令查看到的结果为

```
PC>arp -a
Internet Address       Physical Address      Type
192.168.1.2            0001.9616.5143        dynamic
```

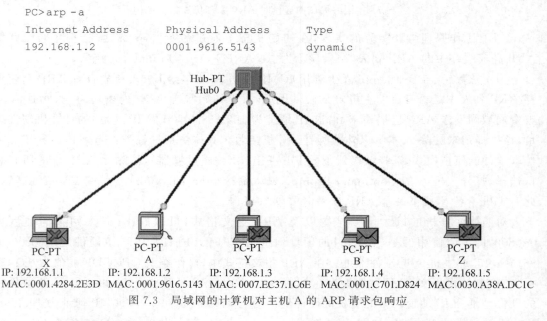

图 7.3　局域网的计算机对主机 A 的 ARP 请求包响应

表明主机 B 获得了主机 A 的 IP 地址与 MAC 地址的映射关系,该映射关系的存在避免

了将来主机 B 访问主机 A，主机 B 向主机 A 发送 ARP 请求分组而增加网络通信量。

此时分析数据包流出主机 B 的 Outbound PDU Details，在以太网帧结构中，目的硬件地址为 0001.9616.5143，源硬件地址为 0001.c701.d823，类型为 0x806。在 ARP 报文格式中，操作类型 OPCODE 值为 0X2，表示为 ARP 响应报文，源硬件地址为 0001.c701.d823，源 IP 地址为 192.168.1.4，目的硬件地址为 0001.9616.5143，目的 IP 地址为 192.168.1.2。通过命令查看此时的主机 A 以及主机 X、Y、Z 的 ARP 高速缓存中 ARP 列表仍然为空，与理论分析结果相符。

继续单击 Capture/Forward 按钮仿真数据包详细的传输过程，当主机 B 的 ARP 响应报文到达主机 A 时，主机 A 高速缓存中的 ARP 列表记录主机 B 的 IP 地址与硬件地址的映射关系，通过命令"arp -a"查看的结果为

```
PC>arp -a
Internet Address      Physical Address      Type
192.168.1.4           0001.c701.d823        dynamic
```

与理论分析结果相同。至此，同一局域网通信时 ARP 工作原理的仿真实验就完成了。接下来，主机 A 访问主机 B 时，可以直接在主机 A 的 ARP 高速缓存中读取主机 B 的硬件地址，进行数据帧的封装。

2. 不同局域网通信时 ARP 工作原理的仿真实验设计与实现

不同局域网通信时 ARP 工作原理仿真拓扑结构如图 7.4 所示，左边的网络连接两台计算机 A、X，右边的网络连接两台电脑 Y、B，两个网络通过路由器进行互联，图中标明了 4 台计算机以及路由器接口的 IP 地址以及对应的硬件地址。

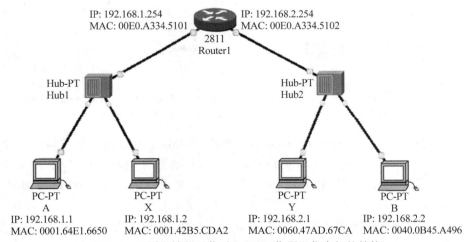

图 7.4　不同局域网通信时 ARP 工作原理仿真拓扑结构

接下来探讨该情况下的 ARP 工作原理仿真实验的实现。选择 Packet Tracer 仿真软件的模拟模式，同样清除除 ARP 外的所有默认选择，打开主机 A 的 Command Prompt，输入命令 ping 192.168.2.2 后按 Enter 键确认，此时主机 A 上生成一个 ARP 广播请求包。

通过主机 A 的 Outbound PDU details 可以看出，以太网帧的类型为 0x0806，即上层使用的是 ARP，目的硬件地址为 FFFF.FFFF.FFFF，源硬件地址为 0001.64e1.6650，即主机 A 的硬件地址。在 ARP 报文格式中，操作类型 OPCODE 值为 0x1，表示为 ARP 请求报文，源

硬件地址为 0001.64e1.6650,源 IP 地址为 192.168.1.1,即源主机 A 的硬件地址和 IP 地址。目的主机的硬件地址为全 0,即 0000.0000.0000,IP 地址为 192.168.1.254,即路由器左边接口的 IP 地址。

接下来通过单击 Capture/Forward 按钮仿真数据包详细的传输过程。图 7.5 所示为局域网中的计算机对主机 A 的 ARP 请求包的响应,结果表明,路由器左边接口响应 ARP 请求包,主机 X 没有响应。ARP 请求包并没有跨路由器传输到右边网络,此时路由器的 ARP 高速缓存中应该记录了主机 A 的 IP 地址与 MAC 地址之间的映射关系。在路由器上通过"show arp"命令查看到的结果为

```
Router# show arp
Protocol   Address          Age (min)   Hardware Addr   Type   Interface
Internet   192.168.1.1      0    0001.64E1.6650   ARPA   FastEthernet0/0
Internet   192.168.1.254    -    00E0.A334.5101   ARPA   FastEthernet0/0
Internet   192.168.2.254    -    00E0.A334.5102   ARPA   FastEthernet0/1
```

表明路由器获得了主机 A 的 IP 地址与 MAC 地址的映射关系。

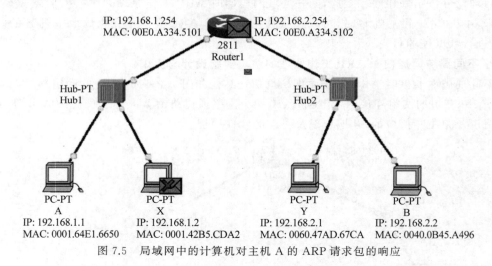

图 7.5　局域网中的计算机对主机 A 的 ARP 请求包的响应

此时分析数据包流出路由器的 Outbound PDU Details。在以太网帧结构中,目的硬件地址为 0001.64e1.6650,源硬件地址为 00e0.a334.5101,类型为 0x806,在 ARP 报文格式中,操作类型 OPCODE 值为 0X2,表示为 ARP 响应报文,源硬件地址为 00e0.a334.5101,源 IP 地址为 192.168.1.254,(均为路由器左边接口的硬件地址和 IP 地址,并不是主机 B 的硬件地址和 IP 地址),目的硬件地址为 0001.64e1.6650,目的 IP 地址为 192.168.1.1,(均为主机 A 的硬件地址和 IP 地址)。通过命令查看此时的主机 A 以及主机 X 的 ARP 高速缓存中 ARP 列表仍然为空,与理论分析结果相符。继续单击 Capture/Forward 按钮仿真数据包详细的传输过程,当路由器 ARP 响应报文到达主机 A 时,主机 A 的高速缓存中 ARP 列表记录路由器左边接口的 IP 地址与硬件地址的映射关系,通过命令"arp -a"查看的结果为

```
PC>arp -a
Internet Address      Physical Address      Type
192.168.1.254         00e0.a334.5101
```

与理论分析结果相同。至此,不同局域网通信时 ARP 工作原理的仿真实验就完成了。接下来,主机 A 访问主机 B 时,可以直接在主机 A 的 ARP 高速缓存中读取路由器左边接口的硬件地址进行数据帧的封装。数据到达路由器后,由路由器再进行转发,继续进行路由器右边的 ARP 工作过程。

实验 2:IP 报文分析

1. 利用 Packet Tracer 仿真实现 IP 报文

1)构建网络拓扑结构

构建网络拓扑结构如图 7.6 所示,并设置主机网络参数,使网络互联互通。

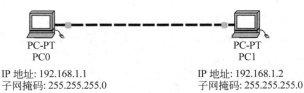

IP 地址: 192.168.1.1   IP 地址: 192.168.1.2
子网掩码: 255.255.255.0   子网掩码: 255.255.255.0

图 7.6　构建网络拓扑结构

2)通过 Simulation 抓取数据包

通过 Packet Tracer 中的 Simulation 抓取数据包。Simulation 界面如图 7.7 所示。通过 Add simple pdu(P)在计算机 PC0 上产生协议数据单元(PDU),如图 7.8 所示,并通过单击 Capture/Forward 在计算机 PC0 和计算机 PC1 之间形成 PDU 的流动,如图 7.9 所示。

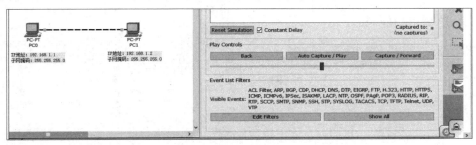

图 7.7　Simulation 界面

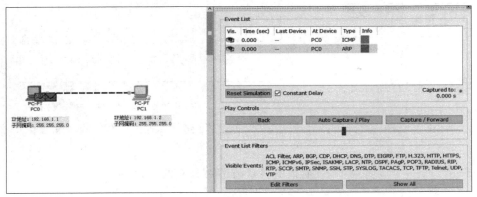

图 7.8　Add simple pdu(P)(添加单个 PDU)

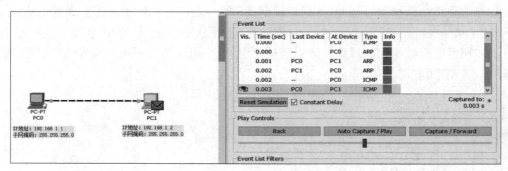

图 7.9 抓取 PDU

3）对 PDU 进行分析

PDU 分析如图 7.10～图 7.12 所示。

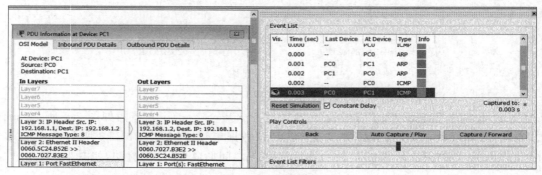

图 7.10 分析 PDU

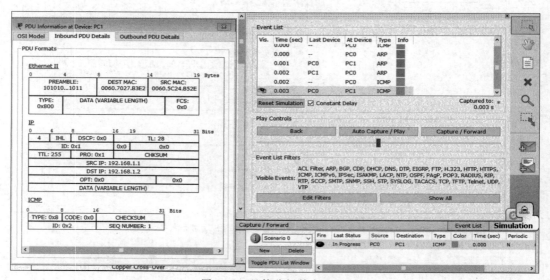

图 7.11 具体分析某个 PDU

在图 7.12 中，可以看到 IP 数据报的格式与前面分析的一致。

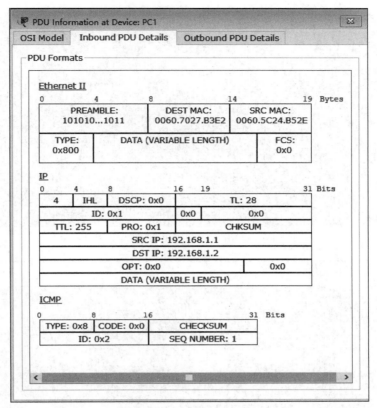

图 7.12　IP 数据报格式

2. 利用 GNS3＋Wireshark 仿真实现 IP 报文

1) 构建网络拓扑

构建网络拓扑,如图 7.13 所示。

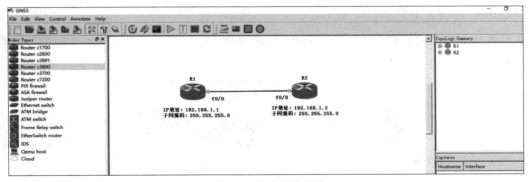

图 7.13　构建网络拓扑

2) 配置路由器 R1 的 f0/0 端口 IP 地址

配置过程如图 7.14 所示。

3) 配置路由器 R2 的 f0/0 端口 IP 地址

配置过程如图 7.15 所示。

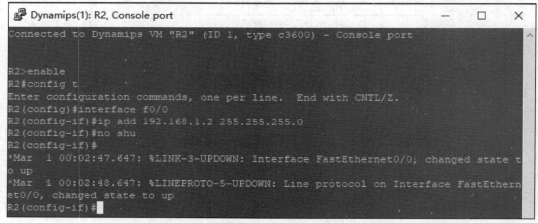

图 7.14　配置路由器 R1 f0/0 端口 IP 地址

```
Dynamips(0): R1, Console port                                    —    □    ×
Connected to Dynamips VM "R1" (ID 0, type c3600) - Console port

R1>enable
R1#config t
Enter configuration commands, one per line.  End with CNTL/Z.
R1(config)#interface f0/0
R1(config-if)#ip add 192.168.1.1 255.255.255.0
R1(config-if)#no shu
R1(config-if)#
*Mar  1 00:02:12.119: %LINK-3-UPDOWN: Interface FastEthernet0/0, changed state t
o up
*Mar  1 00:02:13.119: %LINEPROTO-5-UPDOWN: Line protocol on Interface FastEthern
et0/0, changed state to up
R1(config-if)#
```

```
Dynamips(1): R2, Console port                                    —    □    ×
Connected to Dynamips VM "R2" (ID 1, type c3600) - Console port

R2>enable
R2#config t
Enter configuration commands, one per line.  End with CNTL/Z.
R2(config)#interface f0/0
R2(config-if)#ip add 192.168.1.2 255.255.255.0
R2(config-if)#no shu
R2(config-if)#
*Mar  1 00:02:47.647: %LINK-3-UPDOWN: Interface FastEthernet0/0, changed state t
o up
*Mar  1 00:02:48.647: %LINEPROTO-5-UPDOWN: Line protocol on Interface FastEthern
et0/0, changed state to up
R2(config-if)#
```

图 7.15　配置路由器 R2 的 f0/0 端口 IP 地址

4）设置链路数据

设置抓取两台路由器之间链路的数据，如图 7.16 所示，在弹出的快捷菜单中选择路由器 R1 的 f0/0 端口，如图 7.17 所示。

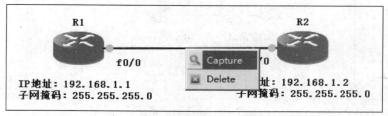

图 7.16　设置抓取两台路由器之间的数据

5）抓取 Wireshark

Wireshark 抓取界面如图 7.18 所示。

6）连通两台路由器

通过发送 ping 命令在两台路由器之间产生数据流，如图 7.19 所示。

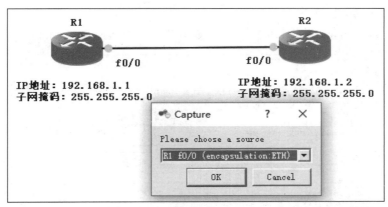

图 7.17 设置抓取路由器 R1 的 f0/0 端口数据

R1_to_R2.cap [R2 Serial1/0 to R1 Serial1/0]   — □ ×

文件(F) 编辑(E) 视图(V) 跳转(G) 捕获(C) 分析(A) 统计(S) 电话(Y) 无线(W) 工具(T) 帮助(H)

Apply a display filter … <Ctrl-/>   表达式… ＋

No.	Time	Source	Destination	Protocol	Length	Info
1	0.000000	cc:00:1e:60:00:…	cc:00:1e:60:00:00	LOOP	60	Reply
2	0.078000	cc:01:1e:60:00:…	cc:01:1e:60:00:00	LOOP	60	Reply
3	1.406000	cc:00:1e:60:00:…	CDP/VTP/DTP/PAgP/UDLD	CDP	346	Device ID: R1 Port ID: FastEthernet0/0…
4	1.469000	cc:01:1e:60:00:…	CDP/VTP/DTP/PAgP/UDLD	CDP	346	Device ID: R2 Port ID: FastEthernet0/0…

> Frame 1: 60 bytes on wire (480 bits), 60 bytes captured (480 bits)
> Ethernet II, Src: cc:00:1e:60:00:00 (cc:00:1e:60:00:00), Dst: cc:00:1e:60:00:00 (cc:00:1e:60:00:00)
> Configuration Test Protocol (loopback)
> Data (40 bytes)

图 7.18 Wireshark 抓取界面

Dynamips(0): R1, Console port   — □ ×

```
Connected to Dynamips VM "R1" (ID 0, type c3600) - Console port


R1>enable
R1#config t
Enter configuration commands, one per line.  End with CNTL/Z.
R1(config)#interface f0/0
R1(config-if)#ip add 192.168.1.1 255.255.255.0
R1(config-if)#no shu
R1(config-if)#
*Mar  1 00:02:12.119: %LINK-3-UPDOWN: Interface FastEthernet0/0, changed state t
o up
*Mar  1 00:02:13.119: %LINEPROTO-5-UPDOWN: Line protocol on Interface FastEthern
et0/0, changed state to up
R1(config-if)#end
R1#ping
*Mar  1 00:05:54.023: %SYS-5-CONFIG_I: Configured from console by console
R1#ping 192.168.1.2

Type escape sequence to abort.
Sending 5, 100-byte ICMP Echos to 192.168.1.2, timeout is 2 seconds:
.!!!!
Success rate is 80 percent (4/5), round-trip min/avg/max = 4/13/24 ms
R1#
```

图 7.19 通过发送 ping 命令在两台路由器之间产生数据流

7）查看 Wireshark 界面

再次打开 Wireshark，如图 7.20 所示，抓取的数据界面如图 7.21 所示。

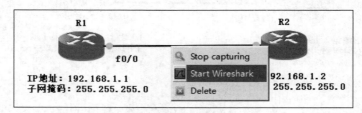

图 7.20　再次打开 Wireshark

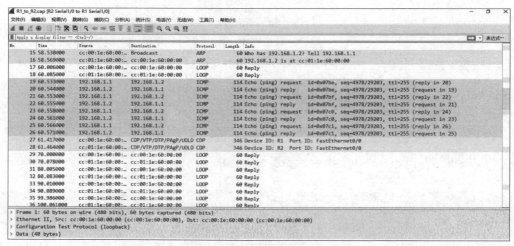

图 7.21　抓取的数据界面

8）分析抓取的 IP

分析过程如图 7.22 和图 7.23 所示。

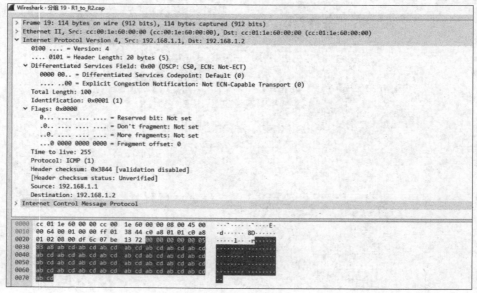

图 7.22　抓取 IP

```
∨ Internet Protocol Version 4, Src: 192.168.1.1, Dst: 192.168.1.2
    0100 .... = Version: 4
    .... 0101 = Header Length: 20 bytes (5)
  ∨ Differentiated Services Field: 0x00 (DSCP: CS0, ECN: Not-ECT)
      0000 00.. = Differentiated Services Codepoint: Default (0)
      .... ..00 = Explicit Congestion Notification: Not ECN-Capable Transport (0)
    Total Length: 100
    Identification: 0x0001 (1)
  ∨ Flags: 0x0000
      0... .... .... .... = Reserved bit: Not set
      .0.. .... .... .... = Don't fragment: Not set
      ..0. .... .... .... = More fragments: Not set
      ...0 0000 0000 0000 = Fragment offset: 0
    Time to live: 255
    Protocol: ICMP (1)
    Header checksum: 0x3844 [validation disabled]
    [Header checksum status: Unverified]
    Source: 192.168.1.1
    Destination: 192.168.1.2
```

图 7.23　展开 IP 的组成结构

实验 3：ICMP 分析

1. Packet Tracer 仿真实现 ICMP

构建网络拓扑结构，抓取 ICMP 数据包，如图 7.24 所示。

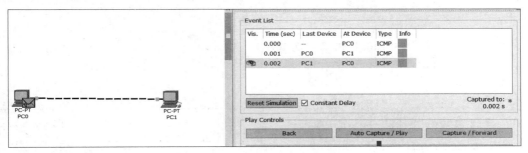

图 7.24　构建网络拓扑结构

分析 ICMP，如图 7.25 所示。

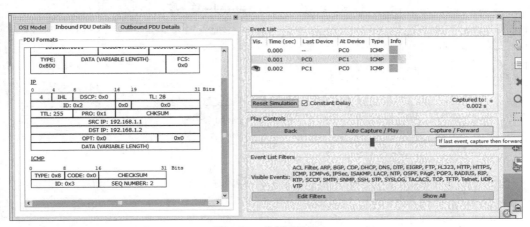

图 7.25　分析 ICMP

ICMP 的组成结构如图 7.26 所示。

OSI Model **Inbound PDU Details** Outbound PDU Details

PDU Formats

| TYPE:
0x800 | DATA (VARIABLE LENGTH) | | FCS:
0x0 |

IP

0	4	8	16	19		31 Bits
4	IHL	DSCP: 0x0			TL: 28	
ID: 0x2			0x0		0x0	
TTL: 255		PRO: 0x1		CHKSUM		
SRC IP: 192.168.1.1						
DST IP: 192.168.1.2						
OPT: 0x0				0x0		
DATA (VARIABLE LENGTH)						

ICMP

0	8	16	31 Bits
TYPE: 0x8	CODE: 0x0	CHECKSUM	
ID: 0x3		SEQ NUMBER: 2	

图 7.26 ICMP 的组成结构

2. 利用 GNS3＋Wireshark 仿真实现 ICMP

1）构建网络拓扑结构

构建过程如图 7.27 所示。

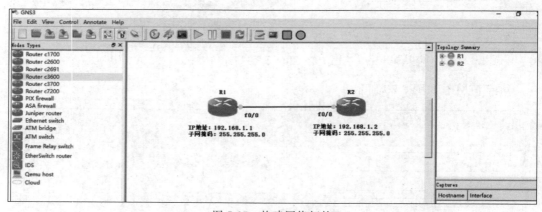

图 7.27 构建网络拓扑

2）配置路由器 R1 的 f0/0 端口 IP 地址

配置过程如图 7.28 所示。

3）配置路由器 R2 的 f0/0 端口 IP 地址

配置过程如图 7.29 所示。

```
Dynamips(0): R1, Console port                                    —    □    ×
Connected to Dynamips VM "R1" (ID 0, type c3600) - Console port


R1>enable
R1#config t
Enter configuration commands, one per line.  End with CNTL/Z.
R1(config)#interface f0/0
R1(config-if)#ip add 192.168.1.1 255.255.255.0
R1(config-if)#no shu
R1(config-if)#
*Mar  1 00:02:12.119: %LINK-3-UPDOWN: Interface FastEthernet0/0, changed state t
o up
*Mar  1 00:02:13.119: %LINEPROTO-5-UPDOWN: Line protocol on Interface FastEthern
et0/0, changed state to up
R1(config-if)#
```

图 7.28　配置路由器 R1 的 f0/0 端口 IP 地址

```
Dynamips(1): R2, Console port                                    —    □    ×
Connected to Dynamips VM "R2" (ID 1, type c3600) - Console port


R2>enable
R2#config t
Enter configuration commands, one per line.  End with CNTL/Z.
R2(config)#interface f0/0
R2(config-if)#ip add 192.168.1.2 255.255.255.0
R2(config-if)#no shu
R2(config-if)#
*Mar  1 00:02:47.647: %LINK-3-UPDOWN: Interface FastEthernet0/0, changed state t
o up
*Mar  1 00:02:48.647: %LINEPROTO-5-UPDOWN: Line protocol on Interface FastEthern
et0/0, changed state to up
R2(config-if)#
```

图 7.29　配置路由器 R2 的 f0/0 端口 IP 地址

4）设置链路数据

设置抓取两台路由器之间链路的数据,如图 7.30 所示,在弹出的快捷菜单中选择路由器 R1 的 f0/0 端口,如图 7.31 所示。

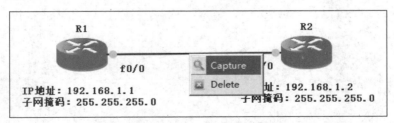

图 7.30　设置抓取两台路由器之间链路的数据

5）抓取 Wireshark

Wireshark 抓取界面如图 7.32 所示。

6）连通两台路由器

通过发送 ping 命令在两台路由器之间产生数据流,如图 7.33 所示。

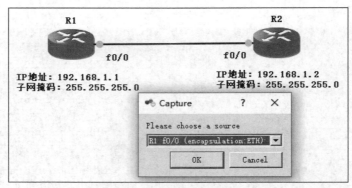

图 7.31　设置抓取路由器 R1 的 f0/0 端口数据

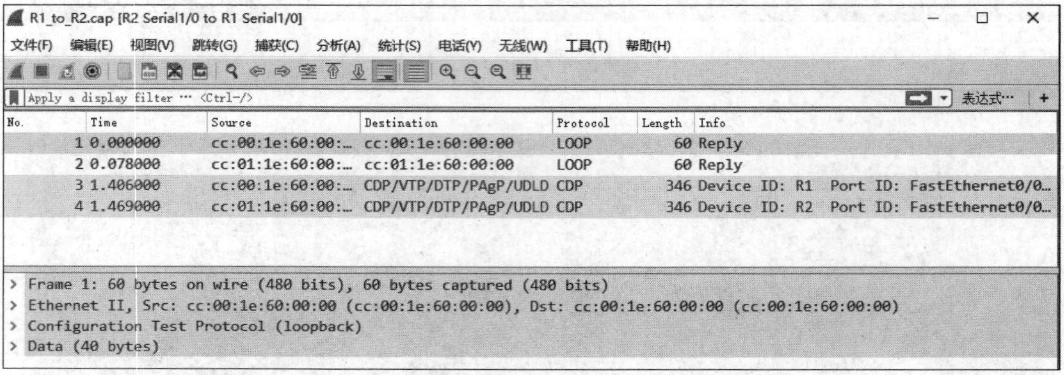

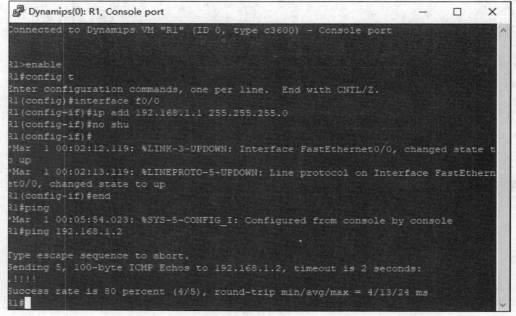

图 7.32　Wireshark 抓取界面

图 7.33　通过发送 ping 命令在两台路由器之间产生数据流

7）查看 Wireshark 界面

再次打开 Wireshark，如图 7.34 所示。

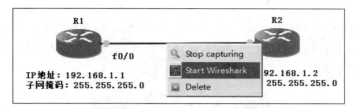

图 7.34　再次打开 Wireshark

8）分析抓取的 ICMP，如图 7.35 所示。

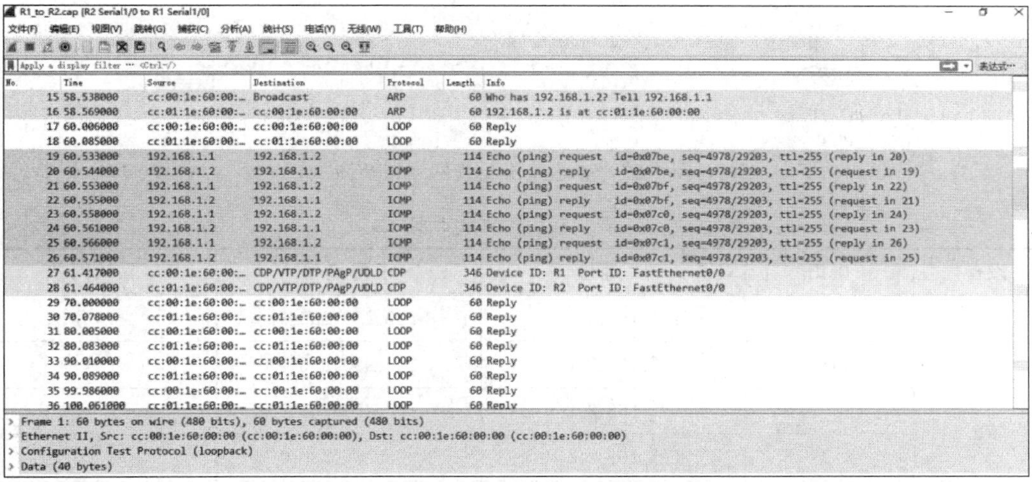

图 7.35　分析抓取的 ICMP

展开 ICMP 的具体组成结构如图 7.36 所示。

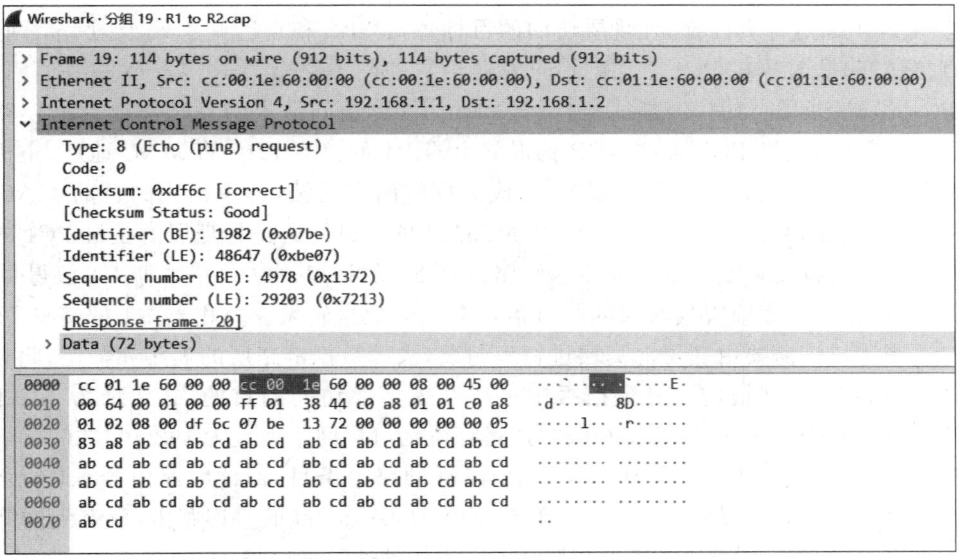

图 7.36　展开 ICMP 的具体组成结构

实验 4：静态路由配置

静态路由配置网络拓扑图如图 7.37 所示。IP 地址规划如表 7.1 所示。初始状态下,路由器 R1 和 R2 分别获得了两条直连路由,在该状态下,主机 PC1 和主机 PC2 之间不能互相通信,具体过程分析如下。

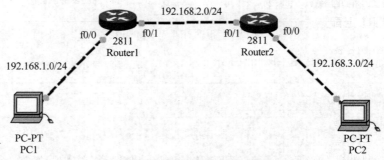

图 7.37　静态路由配置网络拓扑图

表 7.1　IP 地址规划

设备	接口	IP 地址	子网掩码	默认网关
R1	f0/0	192.168.1.1	255.255.255.0	
	f0/1	192.168.2.1	255.255.255.0	
R2	f0/0	192.168.3.1	255.255.255.0	
	f0/1	192.168.2.2	255.255.255.0	
PC1	网卡	192.168.1.100	255.255.255.0	192.168.1.1
PC2	网卡	192.168.3.100	255.255.255.0	192.168.3.1

主机 PC1 通过计算匹配,发现要访问的目标主机 PC2 和自己并不处于同一个网络中,不能直接访问,此时主机 PC1 将访问请求发送给它的网关路由器 R1 处理(需要说明的是,主机 PC1 若要访问异构网络,必须配置网关地址)。此访问请求的发送需要数据链路层以及物理层的帮助,主机 PC1 通过 ARP 获得路由器 R1 的接口 f0/0 的 MAC 地址,主机 PC1 将网际层的 IP 数据包封装帧头和帧尾,形成数据链路层的帧,其中帧头的目的 MAC 地址为 ARP 获得的路由器 R1 的接口 f0/0 的 MAC 地址。最终通过物理层的主机 PC1 的网卡接口将二进制比特流通过通信介质传输给路由器 R1 的接口 f0/0。路由器 R1 获得目的 IP 地址后,才能在路由表中查找对应的路由条目来进行数据转发。路由器 R1 的接口 f0/0 获得的二进制比特流需要由底层向高层进行解封装,去掉数据链路层的帧头和帧尾,此时才能得到网际层的 IP 数据报,在 IP 数据报中可以获得需要访问的目的 IP 地址为 192.168.3.100,通过与子网掩码 255.255.255.0 做"与"运算得到目标网络地址为 192.168.3.0,接着路由器查找自己的路由表,找到目标网络 192.168.3.0 的路由条目,而此时路由器 R1 的路由条目仅有两条,分别为到网络 192.168.1.0 和到网络 192.168.2.0 的直连路由,没有到网络 192.168.3.0 的路由条目。因此需要在路由器 R1 中添加到达目标网络 192.168.3.0 的路由条目,

这样才能让数据包继续传输下去。通过配置静态路由可以添加该路由条目。静态路由的配置格式如下。

```
Router(config)#ip route 目标网络地址 目标网络子网掩码 下一跳地址
```

在两台路由器连接的点到点链路上也可以不使用下一跳地址,而改用本路由器出口的接口标识。在多路访问链路,如以太网或帧中继上,将不能使用这种方式,因为若有多台设备出现在链路上,本地路由器就不知道应当将信息转发到哪台路由器上。

在路由器 R1 上配置到网络 192.168.3.0 的静态路由,具体配置过程如下。

```
R1(config)#ip route 192.168.3.0 255.255.255.0 192.168.2.2
R1(config)#
```

通过命令 show ip route 查看路由器 R1 的路由表如下。

```
R1#show ip route
Codes: C - connected, S - static, I - IGRP, R - RIP, M - mobile, B - BGP
       D - EIGRP, EX - EIGRP external, O - OSPF, IA - OSPF inter area
       N1 - OSPF NSSA external type 1, N2 - OSPF NSSA external type 2
       E1 - OSPF external type 1, E2 - OSPF external type 2, E - EGP
       i - IS-IS, L1 - IS-IS level-1, L2 - IS-IS level-2, ia - IS-IS inter area
       * - candidate default, U - per-user static route, o - ODR
       P - periodic downloaded static route
Gateway of last resort is not set
C    192.168.1.0/24 is directly connected, FastEthernet0/0
C    192.168.2.0/24 is directly connected, FastEthernet0/1
S    192.168.3.0/24 [1/0] via 192.168.2.2
R1#
```

结果显示,路由器 R1 除了前面获得的两条直连路由,还新增加了到目标网络 192.168.3.0 的静态路由条目S   192.168.3.0/24[1/0] via 192.168.2.2,其中 S 表示是静态路由,192.168.3.0/24 为目标网络地址,[1/0]中的 1 表示管理距离(AD),0 表示度量值(metric)。Via 表示通过、经由。192.168.2.2 为下一跳地址。

同样,在路由器 R2 上配置到网络 192.168.1.0 的静态路由,具体配置过程如下。

```
R2(config)#ip route 192.168.1.0 255.255.255.0 192.168.2.1
R2(config)#
```

路由器 R2 到达目标网络 192.168.1.0 的下一跳地址为 192.168.2.1。通过 show ip route 命令查看路由器 R2 的路由表如下。

```
R2#show ip route
Codes: C - connected, S - static, I - IGRP, R - RIP, M - mobile, B - BGP
       D - EIGRP, EX - EIGRP external, O - OSPF, IA - OSPF inter area
       N1 - OSPF NSSA external type 1, N2 - OSPF NSSA external type 2
       E1 - OSPF external type 1, E2 - OSPF external type 2, E - EGP
       i - IS-IS, L1 - IS-IS level-1, L2 - IS-IS level-2, ia - IS-IS inter area
       * - candidate default, U - per-user static route, o - ODR
```

```
       P - periodic downloaded static route
Gateway of last resort is not set
S    192.168.1.0/24 [1/0] via 192.168.2.1
C    192.168.2.0/24 is directly connected, FastEthernet0/1
C    192.168.3.0/24 is directly connected, FastEthernet0/0
R2#
```

最终用 ping 命令测试主机 PC1 与主机 PC2 的网络连通性情况,结果如下。

```
PC>ping 192.168.3.100
Pinging 192.168.3.100 with 32 bytes of data:
Reply from 192.168.3.100: bytes=32 time=14ms TTL=126
Reply from 192.168.3.100: bytes=32 time=15ms TTL=126
Reply from 192.168.3.100: bytes=32 time=10ms TTL=126
Reply from 192.168.3.100: bytes=32 time=12ms TTL=126
Ping statistics for 192.168.3.100:
    Packets: Sent = 4, Received = 4, Lost = 0 (0% loss),
Approximate round trip times in milli-seconds:
    Minimum = 10ms, Maximum = 15ms, Average = 12ms
PC>
```

结果表明,PC1 能够 ping 通 PC2,网络是连通的,ping 结果返回的 TTL 值为 126,说明两台主机之间经过了两台路由器。每经过一台路由器,TTL 值减 1。因为经过两台路由器,所以 TTL 值为 128-2=126,结果与实际相符。

实验 5:RIP 路由分析

实现动态路由协议 RIPv1 的网络拓扑结构图如图 7.38 所示,两台路由器连接 3 个网络,分别为 192.168.1.0/24、192.168.2.0/24、192.168.3.0/24。具体地址规划如表 7.2 所示。

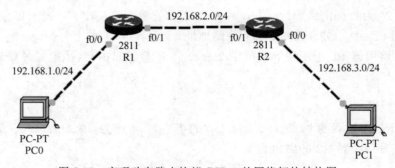

图 7.38　实现动态路由协议 RIPv1 的网络拓扑结构图

表 7.2　网络地址规划

设备	接口	IP 地址	子网掩码	默认网关
R1	f0/0	192.168.1.1	255.255.255.0	
	f0/1	192.168.2.1	255.255.255.0	

设备	接口	IP 地址	子网掩码	默认网关
R2	f0/0	192.168.3.1	255.255.255.0	
	f0/1	192.168.2.2	255.255.255.0	
PC0	网卡	192.168.1.100	255.255.255.0	192.168.1.1
PC1	网卡	192.168.3.100	255.255.255.0	192.168.3.1

第一,配置路由器 R1。

```
Router(config)#hostname R1                             //路由器命名
R1(config)#interface fastEthernet 0/0                  //进入路由器 f0/0 接口
R1(config-if)#ip address 192.168.1.1 255.255.255.0     //配置接口 IP 地址
R1(config-if)#no shu                                    //激活接口
R1(config-if)#exit                                      //退出
R1(config)#interface fastEthernet 0/1                  //进入接口 f0/1
R1(config-if)#ip address 192.168.2.1 255.255.255.0     //配置接口 IP 地址
R1(config-if)#no shu                                    //激活接口
```

第二,配置路由器 R2。

```
Router(config)#hostname R2                             //路由器命名
R2(config)#interface fastEthernet 0/0                  //进入接口 f0/0
R2(config-if)#ip address 192.168.3.1 255.255.255.0     //配置接口 IP 地址
R2(config-if)#no shu                                    //激活接口
R2(config-if)#exit                                      //退出
R2(config)#interface fastEthernet 0/1                  //进入接口 f0/1
R2(config-if)#ip address 192.168.2.2 255.255.255.0     //接口配置 IP 地址
R2(config-if)#no shu                                    //激活接口
```

第三,配置动态路由协议 RIPv1。

为两台路由器配置动态路由协议 RIPv1。先对路由器 R1 配置动态路由协议 RIPv1。

```
R1(config)#router rip                                  //R1 启用动态路由协议 RIP
R1(config-router)#network 192.168.1.0
//宣告 RIP 协议要通告的网络,在该网络接口上启用 RIP 进程
R1(config-router)#network 192.168.2.0
//宣告 RIP 协议要通告的网络,在该网络接口上启用 RIP 进程
R1(config-router)#
```

命令 network 告诉 RIP 该通告哪些分类网络,将在哪些接口上启用 RIP 路由选择进程。使用命令 network 时,网络号应是路由器直连接口的主网络号,R1 路由器直连网络 192.168.1.0/24 的主网络号是 192.168.1.0,直连网络 192.168.2.0/24 的主网络号是 192.168.2.0。

再对路由器 R2 配置动态路由协议 RIPv1。

```
R2(config)#router rip                                  //R1 启用动态路由协议 RIP
R2(config-router)#network 192.168.2.0
```

//宣告 RIP 协议要通告的网络,在该网络接口上启用 RIP 进程

R2(config-router)#network 192.168.3.0

//宣告 RIP 协议要通告的网络,在该网络接口上启用 RIP 进程

第四,查看路由表。

查看路由器 R1 的路由表。

```
R1#show ip route
Codes: C - connected, S - static, I - IGRP, R - RIP, M - mobile, B - BGP
       D - EIGRP, EX - EIGRP external, O - OSPF, IA - OSPF inter area
       N1 - OSPF NSSA external type 1, N2 - OSPF NSSA external type 2
       E1 - OSPF external type 1, E2 - OSPF external type 2, E - EGP
       i - IS-IS, L1 - IS-IS level-1, L2 - IS-IS level-2, ia - IS-IS inter area
       * - candidate default, U - per-user static route, o - ODR
       P - periodic downloaded static route
Gateway of last resort is not set
C    192.168.1.0/24 is directly connected, FastEthernet0/0
C    192.168.2.0/24 is directly connected, FastEthernet0/1
R    192.168.3.0/24 [120/1] via 192.168.2.2, 00:00:12, FastEthernet0/1
R1#
```

其中,R 表示该路由条目是由动态路由协议 RIP 获得的,[120/1]中的 120 表示管理距离为 120,这是动态路由协议 RIP 的管理距离,该值固定为 120;1 表示度量值,RIP 以跳数作为度量值,说明该路由器需要经过 1 跳到达网络 192.168.3.0,结果与实际相符。

查看路由器 R2 的路由表。

```
R2#show ip route
Codes: C - connected, S - static, I - IGRP, R - RIP, M - mobile, B - BGP
       D - EIGRP, EX - EIGRP external, O - OSPF, IA - OSPF inter area
       N1 - OSPF NSSA external type 1, N2 - OSPF NSSA external type 2
       E1 - OSPF external type 1, E2 - OSPF external type 2, E - EGP
       i - IS-IS, L1 - IS-IS level-1, L2 - IS-IS level-2, ia - IS-IS inter area
       * - candidate default, U - per-user static route, o - ODR
       P - periodic downloaded static route
Gateway of last resort is not set
R    192.168.1.0/24 [120/1] via 192.168.2.1, 00:00:13, FastEthernet0/1
C    192.168.2.0/24 is directly connected, FastEthernet0/1
C    192.168.3.0/24 is directly connected, FastEthernet0/0
R2#
```

综上所述,两台路由器的路由表是全的,因此网络应该是连通的。说明通过动态路由协议 RIPv1 实现了网络的连通性。

第五,抓取 RIPv1 报文。

切换 Packet Tracer 的工作模式为模拟模式,打开编辑过滤器窗口,只保留 RIP 协议,其他全部取消,如图 7.39 所示。

用鼠标连续单击"捕获/转发"按钮,结果如图 7.40 所示。

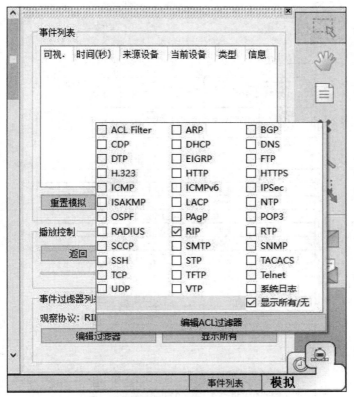

图 7.39　模拟模式下设置过滤协议 RIP

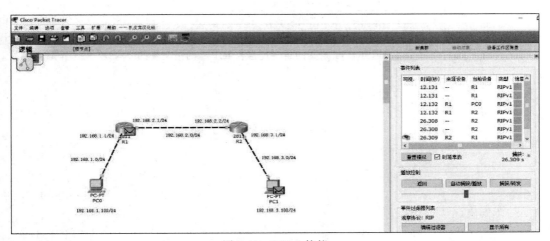

图 7.40　RIPv1 协议

　　展开来源设备 R1,当前设备 R2 的 PDU 详情结果如图 7.41 所示。查看 RIPv1 报文的封装过程,并查看 RIPv1 的报文格式。

　　第六,配置动态路由协议 RIPv2。

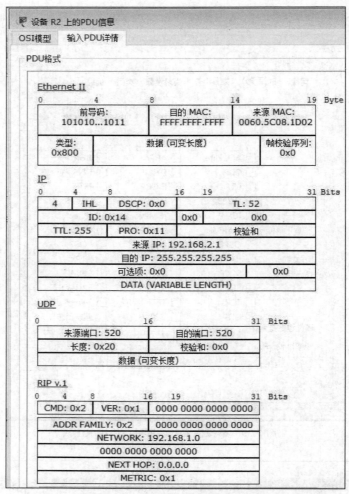

图 7.41　RIPv1 报文的封装过程及 RIPv1 的报文格式

首先配置路由器 R1。

```
R1#config t
Enter configuration commands, one per line.  End with CNTL/Z.
R1(config)#router rip
R1(config-router)#version 2
R1(config-router)#
```

其次配置路由器 R2。

```
R2#config t
Enter configuration commands, one per line.  End with CNTL/Z.
R2(config)#router rip
R2(config-router)#version 2
R2(config-router)#end
```

用鼠标连续单击"捕获/转发"按钮,结果如图 7.42 所示。

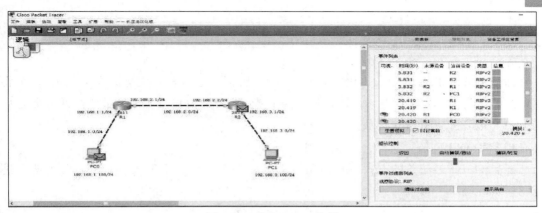

图 7.42　捕获 RIPv2 协议

展开来源设备 R1,当前设备 R2 的 PDU 详情结果如图 7.43 所示。查看 RIPv2 报文的封装过程,并查看 RIPv2 的报文格式。

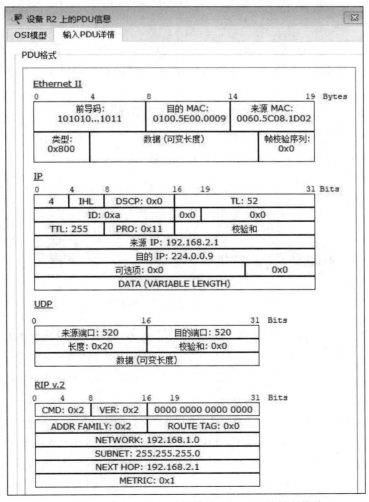

图 7.43　RIPv2 报文的封装过程及 RIPv2 的报文格式

实验 6：OSPF 路由分析

即使配置基本的 OSPF，也比配置 RIP 复杂，若再考虑 OSPF 支持的众多选项，情况将更加复杂。目前主要考虑基本的单区域 OSPF 配置。配置 OSPF 时，最重要的两个方面是启动 OSPF 以及配置 OSPF 区域。

1. 启动 OSPF

配置 OSPF 最简单的方式是只使用一个区域。下列命令用于激活 OSPF 路由选择进程，具体如下。

```
Router(config)# router ospf ?
  <1-65535> Process ID
```

OSPF 进程 ID 用 1～65535 的数字标识。这是路由器上独一无二的数字，将一系列 OSPF 配置命令归入特定进程下。即使不同 OSPF 路由器的进程 ID 不同，也能相互通信。

2. 配置 OSPF 区域

启动 OSPF 进程后，需要指定要在哪些接口上激活 OSPF 通信，并指定每个接口所属的区域。这样也就指定了要将哪些网络通告给其他路由器。OSPF 在配置中使用通配符掩码。

如图 7.44 所示，路由器 R1 的基本 OSPF 配置过程如下。

```
R1(config)# router ospf 1
R1(config-router)# network 10.0.0.0 0.255.255.255 area  0
```

区域编号可以是 0～$4.2×10^9$ 的任何数字。区域编号与进程 ID 不是同一个概念，进程 ID 的取值范围为 1～65535。

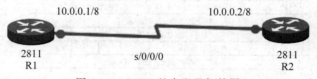

10.0.0.1/8   10.0.0.2/8

2811   s/0/0/0   2811
R1   R2

图 7.44 OSPF 基本配置拓扑图

在命令 network 中，前两个参数是网络号（这里为 10.0.0.0）和通配符掩码（这里为 0.255.255.255），这两个数字一起指定了 OSPF 将在其上运行的接口，这些接口还将包含在 OSPF LSA 中。根据该命令，OSPF 将把当前路由器上位于网络 10.0.0.0 的接口都加入区域 0。

在通配符掩码中，值为 0 的字节表示网络号的相应字节必须完全匹配，而 255 表示网络号的相应字节无关紧要。因此，网络号和通配符掩码组合 1.1.1.1 0.0.0.0 只与 IP 地址为 1.1.1.1 的接口匹配。如果要匹配一系列网络中的接口，可使用网络号和通配符掩码组合 1.1.0.0 0.0.255.255，它与位于地址范围 1.1.0.0～1.1.255.255 的接口都匹配。

最后一个参数是区域号，它指定了网络号和通配符掩码指定的接口所属的区域。仅当两台 OSPF 路由器的接口属于同一个网络和区域时,它们才能建立邻居关系。

配置 OSPF 过程的示例如下。

```
R1(config)#inter f0/1
R1(config-if)#ip add 10.1.1.1 255.255.255.0
R1(config)#router ospf 1
R1(config-router)#network 10.1.1.1 0.0.0.255 area 0
```

实现动态路由协议 OSPF 网络拓扑结构图如图 7.45 所示,两台路由器连接 3 个网络,分别为 192.168.1.0/24、192.168.2.0/24、192.168.3.0/24。要求通过动态路由协议 OSPF 实现网络互联互通。

第一,路由器 R1、R2 的基本配置过程如图 7.46~图 7.49 所示。

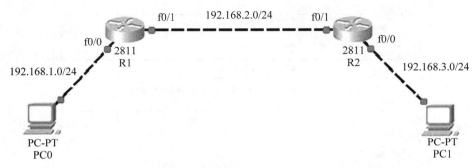

图 7.45 实现动态路由协议 OSPF 网络拓扑结构图

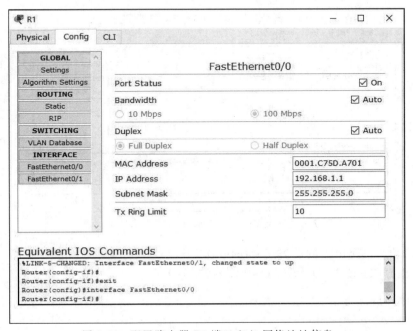

图 7.46 配置路由器 R1 端口 f0/0 网络地址信息

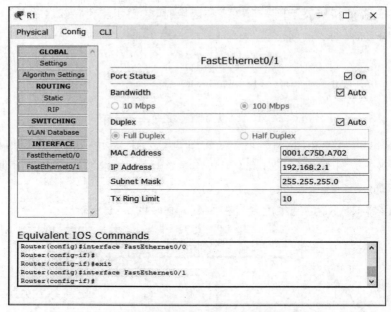

图 7.47　配置路由器 R1 端口 f0/1 网络地址信息

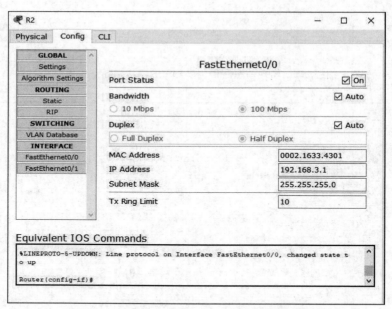

图 7.48　配置路由器 R2 端口 f0/0 网络地址信息

第二,启动两台路由器的动态路由协议 OSPF。

启动路由器 R1 动态路由协议 OSPF 的过程如下。

```
R1(config-if)#exit
R1(config)#router ospf 1
R1(config-router)#network 192.168.1.0 0.0.0.255 ar
R1(config-router)#network 192.168.1.0 0.0.0.255 area 0
R1(config-router)#network 192.168.2.0 0.0.0.255 area 0
```

图 7.49　配置路由器 R2 端口 f0/1 网络地址信息

R1(config-router)#

启动路由器 R2 动态路由协议 OSPF 的过程如下。

```
R2(config-if)#exit
R2(config)#router ospf 1
R2(config-router)#network 192.168.1.0 0.0.0.255 ar
R2(config-router)#network 192.168.1.0 0.0.0.255 area 0
R2(config-router)#network 192.168.2.0 0.0.0.255 area 0
R2(config-router)#
```

第三,配置两台主机的网络地址信息,如图 7.50 和图 7.51 所示。

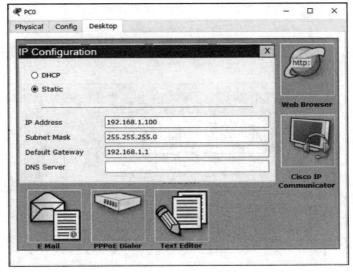

图 7.50　配置主机 PC0 网络地址信息

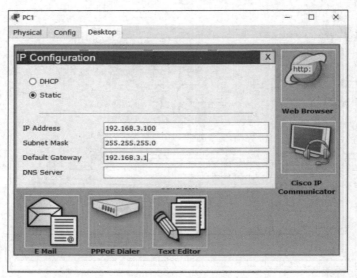

图 7.51　配置主机 PC1 网络地址信息

第四,查看路由器的路由表,并进行网络连通性测试,如图 7.52 和图 7.53 所示。

```
R1#show ip route
Codes: C - connected, S - static, I - IGRP, R - RIP, M - mobile, B - BGP
       D - EIGRP, EX - EIGRP external, O - OSPF, IA - OSPF inter area
       N1 - OSPF NSSA external type 1, N2 - OSPF NSSA external type 2
       E1 - OSPF external type 1, E2 - OSPF external type 2, E - EGP
       i - IS-IS, L1 - IS-IS level-1, L2 - IS-IS level-2, ia - IS-IS inter area
       * - candidate default, U - per-user static route, o - ODR
       P - periodic downloaded static route

Gateway of last resort is not set

C    192.168.1.0/24 is directly connected, FastEthernet0/0
C    192.168.2.0/24 is directly connected, FastEthernet0/1
O    192.168.3.0/24 [110/2] via 192.168.2.2, 00:03:09, FastEthernet0/1
R1#
```

图 7.52　查看路由器 R1 路由表信息

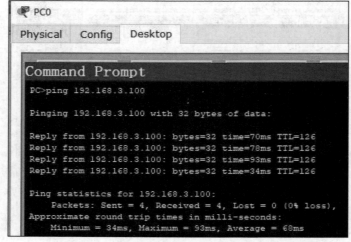

图 7.53　网络连通性测试

实验 7：NAT 静态转换实验

静态 NAT 配置的过程如下。

1）定义内网接口和外网接口

```
Router(config)#interface fastethernet 0
Router(config-if)#ip nat outside
Router(config)#interface fastethernet 1
Router(config-if)#ip nat inside
```

2）建立静态的映射关系

```
Router(config)#ip nat inside source static  192.168.1.7  200.8.7.3
```

其中，192.168.1.7 为内部本地地址，200.8.7.3 为内部全局地址。

静态 NAT 配置案例如图 7.54 所示，模拟校园网访问 Internet 的情况。为了测试网络连通性，在 Internet 上有一台提供 Web 服务的机器。各设备的地址配置情况如表 7.3 所示。

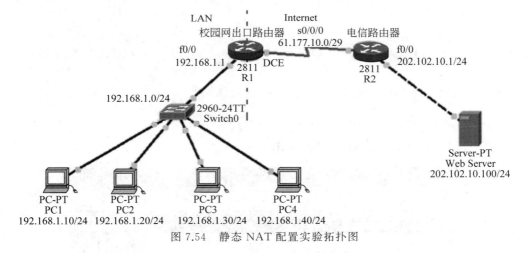

图 7.54　静态 NAT 配置实验拓扑图

表 7.3　各设备的地址配置情况

设备	接口	IP 地址	子网掩码
R1	s0/0/0	61.177.10.1	255.255.255.248
	f0/0	192.168.1.1	255.255.255.0
R2	s0/0/0	61.177.10.2	255.255.255.248
	f0/0	202.102.10.1	255.255.255.0
PC1	网卡	192.168.1.10	255.255.255.0
PC2	网卡	192.168.1.20	255.255.255.0
PC3	网卡	192.168.1.30	255.255.255.0
PC4	网卡	192.168.1.40	255.255.255.0
Web Server	网卡	202.102.10.100	255.255.255.0

配置静态 NAT,使得内部计算机能够访问互联网。配置具体 NAT 之前,首先完成基本配置,要求内部电脑能够 ping 通网关,外部服务器能够 ping 通校园网出口路由器连接外网接口。这部分配置具体如下。

配置校园网址出口路由器 R1。

```
Router(config)#hostname R1                              //为路由器命名
R1(config)#interface fastEthernet 0/0                   //进入路由器接口 f0/0
R1(config-if)#ip address 192.168.1.1 255.255.255.0      //为路由器接口配置 IP 地址
R1(config-if)#no shu                                    //激活
R1(config-if)#exit                                      //退出
R1(config)#interface serial 0/0/0                       //进入接口 s0/0/0
R1(config-if)#ip address 61.177.10.1 255.255.255.248    //为接口配置 IP 地址
R1(config-if)#clock rate 64000                          //配置时钟频率
```

配置电信路由器 R2。

```
Router(config)#hostname R2                              //为路由器命名
R2(config)#interface fastEthernet 0/0                   //进入路由器接口 f0/0
R2(config-if)#ip address 202.102.10.1 255.255.255.0     //为接口配置 IP 地址
R2(config-if)#no shu                                    //激活
R2(config-if)#exit                                      //退出
R2(config)#interface serial 0/0/0                       //进入接口 s0/0/0
R2(config-if)#ip address 61.177.10.2 255.255.255.248    //为接口配置 IP 地址
R2(config-if)#no shu                                    //激活
```

在校园网出口路由器上配置指向 Internet 的默认网关。

```
R1(config)#ip route 0.0.0.0 0.0.0.0 61.177.10.2
```

配置互联网 Web 服务器网络参数,如图 7.55 所示。

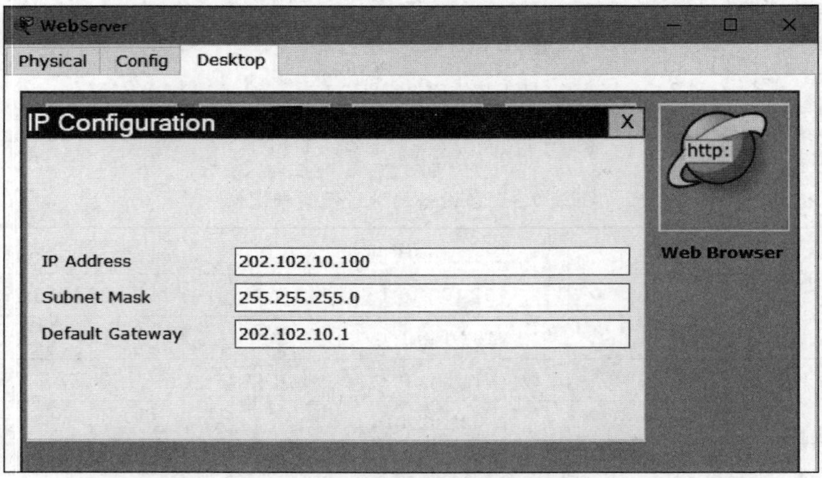

图 7.55　Web 服务器网络参数

测试 Web Server 与校园网出口路由器 s0/0/0 接口的连通性,如图 7.56 所示。

测试校园网出口路由器与 Internet Web Server 的连通性情况,如图 7.57 所示,结果是连通的。

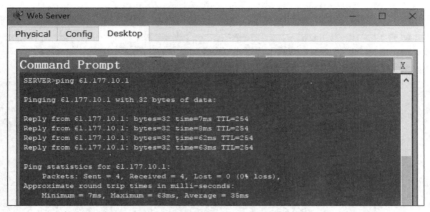

图 7.56　测试 Web Server 与校园网出口路由器 s0/0/0 端口的连通性

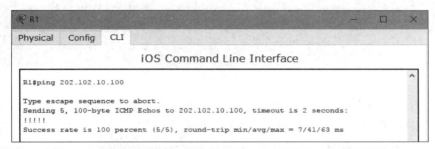

图 7.57　测试校园网出口路由器与 Internet Web Server 的连通性

接下来配置校园网内部 4 台计算机的网络参数。图 7.58 所示为 PC1 网络参数配置情况,类似其他 3 台计算机的网络参数配置。

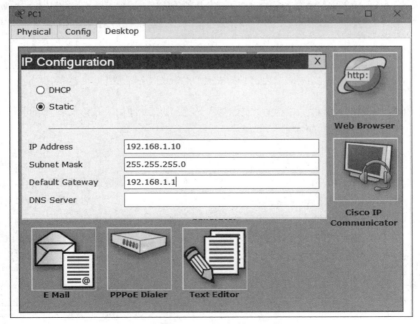

图 7.58　PC1 网络参数配置情况

测试终端计算机与网关的连通性,结果是连通的,如图 7.59 所示。

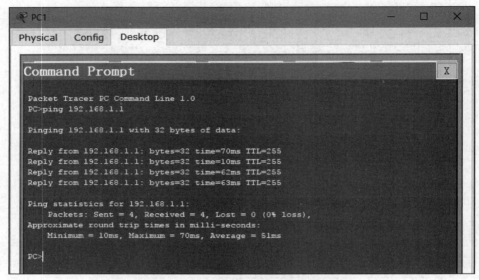

图 7.59 计算机与网关的连通性测试情况

校园网的出口路由器上若没有配置 NAT,则校园网内部计算机是不可以访问 Internet 上的 Web Server 的 Web 站点的。内部计算机访问 Web 服务器的情况如图 7.60 所示。

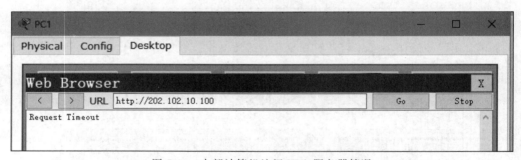

图 7.60 内部计算机访问 Web 服务器情况

接下来在校园网的出口路由器上配置 NAT,实现校园网内部计算机访问 Internet 的目的。静态 NAT 的配置过程如下。

1) 定义内网接口和外网接口

```
R1(config)#interface fastEthernet 0/0              //进入路由器接口 f0/0
R1(config-if)#ip nat inside                        //宣告连接内部网络
R1(config-if)#exit                                 //退出
R1(config)#interface serial 0/0/0                  //进入路由器接口 s0/0/0
R1(config-if)#ip nat outside                       //宣告连接外部网络
R1(config-if)#exit                                 //退出
```

2) 建立映射关系

```
R1(config)#ip nat inside source static 192.168.1.10 61.177.10.1    //建立映射关系
```

3）测试网络连通性

在内部 IP 地址为 192.168.1.10 的计算机上测试访问 Internet 情况,如图 7.61 所示。结果表明内部 IP 地址为 192.168.1.10 的计算机是可以访问 Internet 的。说明静态访问控制列表发挥作用。

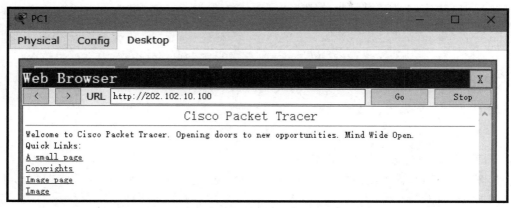

图 7.61　内部计算机访问 Web 服务器情况

4）查看转换情况

通过命令 show ip nat translations 查看具体转换情况,如图 7.62 所示。

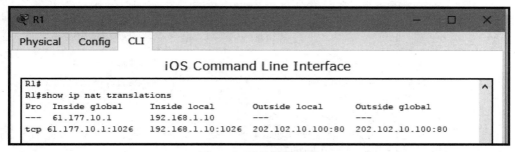

图 7.62　地址转换情况

从图 7.62 中可以看出,内部本地地址为 192.168.1.10,属于不能在 Internet 上路由的私有地址,内部全局地址为 61.177.10.1,属于可以在 Internet 上路由的公网地址。

实验 8：NAT 动态转换实验

动态 NAT 是指将内部网络的私有 IP 地址转换为公网 IP 地址时,IP 地址对是随机的、不确定的,所有被授权访问 Internet 的私有 IP 地址可随机转换为任何指定的合法 IP 地址。也就是说,只要指定哪些内部地址可以转换,以及用哪些合法地址作为外部地址时,就可以进行动态转换。

动态 NAT 配置的过程如下。

1）定义内网接口和外网接口

```
Router(config-if)#ip nat outside          //宣告连接外网接口
```

```
Router(config-if)#ip nat inside                    //宣告连接内网接口
```

2）定义内部本地地址范围

```
Router(config)#access-list 10 permit 192.168.1.0   0.0.0.255
```

其中,192.168.1.0/24 为内部地址范围。

3）定义内部全局地址池

```
Router(config)#ip nat pool abc 200.8.7.3 200.8.7.10   netmask 255.255.255.0
```

其中,200.8.7.3～200.8.7.10 为内部全局地址范围。

4）建立映射关系

```
Router(config)#ip nat inside source list 10 pool abc
```

下面讲解一个动态 NAT 配置案例。

如图 7.59 所示,模拟校园网访问 Internet 的情况。配置动态 NAT,从而实现内部计算机访问 Internet。

1）清除已经配置的静态 NAT 配置

```
R1(config)#no ip nat inside source static 192.168.1.10 61.177.10.1
//清除静态 NAT 配置
R1(config)#interface fastEthernet 0/0              //进入路由器 f0/0
R1(config-if)#no ip nat inside                     //清除宣告内网接口
R1(config-if)#exit                                 //退出
R1(config)#interface serial 0/0/0                  //进入接口 s0/0/0
R1(config-if)#no ip nat outside                    //清除宣告外网接口
```

2）默认基本配置完成

默认基本配置包括：①基本 IP 地址配置；②内部计算机 ping 通网关,外部 Web 服务器 ping 通校园网出口路由器连接外网的接口。

3）配置路由器 R1

配置 R1 宣告连接内网接口以及连接外网接口。

```
R1(config)#interface fastEthernet 0/0              //进入路由器接口 f0/0
R1(config-if)#ip nat inside                        //宣告内网接口
R1(config-if)#exit                                 //退出
R1(config)#interface serial 0/0/0                  //进入接口 s0/0/0
R1(config-if)#ip nat outside                       //宣告外网接口
R1(config-if)#exit                                 //退出
```

定义内部本地地址范围：

```
R1(config)#access-list 1 permit any
```

定义内部全局地址池：

```
R1(config)#ip nat pool tdp 61.177.10.3 61.177.10.5 netmask 255.255.255.248
```

建立映射关系：

```
R1(config)#ip nat inside source list 1 pool tdp
```

4）测试

测试校园网内部计算机访问 Internet 上 Web 服务器情况。

按照 4 台计算机顺序访问 Web 服务器情况，结果前 3 条计算机能够顺利访问 Web 服务器，第 4 台计算机不能访问。原因是前 3 台计算机分别获得地址池中的公网地址，而由于地址池中仅有 3 个公网地址，所以第 4 台计算机不能获得公网地址而不能访问外网。除非前 3 台计算机有计算机不再访问，退出获得的公网 IP 地址。在这样的情况下，第 4 台计算机才可能访问外网。

5）查看地址转换情况

通过命令 show ip nat translations 命令查看地址转换情况，如图 7.63 所示。

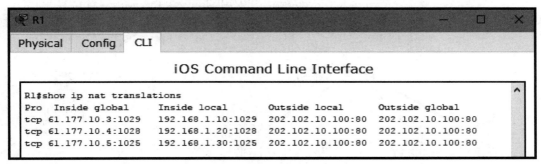

图 7.63　网络地址转换情况

从图 7.63 可以看出，内部本地地址 192.168.1.10 转换成内部全局地址 61.177.10.3，在 Internet 中转发分组。内部本地地址 192.168.1.20 转换成内部全局地址 61.177.10.4，在 Internet 中转发分组，内部本地地址 192.168.1.30 转换成内部全局地址 61.177.10.5，在 Internet 中转发分组。

实验 9：PAT 实验

PAT（port-address-translation）是端口地址转换，可以看作 NAT 的一部分。

PAT 的配置如下。

1）定义内网接口和外网接口

```
Router(config-if)#ip nat outside
Router(config-if)#ip nat inside
```

2）定义内部本地地址范围

```
Router(config)#access-list 10 permit 192.168.1.0   0.0.0.255
```

3）定义内部全局地址池

```
Router(config)#ip nat pool abc 200.8.7.3 200.8.7.3   netmask 255.255.255.0
```

4）建立映射关系

```
Router(config)#ip nat inside source list 10 pool abc  overload
```

PAT 的使用场合如下。

（1）缺乏全局 IP 地址,甚至只有一个连接 ISP 的全局 IP 地址。

（2）内网要求上网的主机数很多。

（3）提高内网的安全性。

下面讲解一个 PAT 配置案例。

如图 7.64 所示,模拟仿真校园网访问 Internet 情况,具体网络参数配置如表 7.4 所示,要求在校园网出口路由器 R1 上配置 PAT,使得校园网计算机能够访问 Internet。

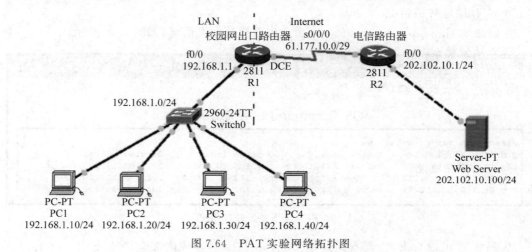

图 7.64   PAT 实验网络拓扑图

表 7.4   IP 地址配置

设备	接口	IP 地址	子网掩码
R1	s0/0/0	61.177.10.1	255.255.255.248
	f0/0	192.168.1.1	255.255.255.0
R2	s0/0/0	61.177.10.2	255.255.255.248
	f0/0	202.102.10.1	255.255.255.0
PC1	网卡	192.168.1.10	255.255.255.0
PC2	网卡	192.168.1.20	255.255.255.0
PC3	网卡	192.168.1.30	255.255.255.0
PC4	网卡	192.168.1.40	255.255.255.0
Web Server	网卡	202.102.10.100	255.255.255.0

首先对网络进行基本配置,满足两方面的要求:①校园网内部计算机能够 ping 通网关（地址 192.168.1.1）;②Internet 上的 Web 服务器计算机 ping 通校园网出口路由器 R1 连接外网接口 s0/0/0。前面已经有这部分的完整配置。

接下来具体配置 PAT。

方案一：

内部全局地址为校园网出口路由器接口 s0/0/0，定义内网接口和外网接口。

```
R1(config)#interface fastEthernet 0/0          //进入路由器接口 f0/0
R1(config-if)#ip nat inside                     //宣告内部网络
R1(config-if)#exit                              //退出
R1(config)#interface serial 0/0/0               //进入路由器接口 s0/0/0
R1(config-if)#ip nat outside                    //宣告外部网络
R1(config-if)#exit                              //退出
```

定义内部本地地址范围：

```
R1(config)#access-list 1 permit any
```

建立映射关系：

```
R1(config)#ip nat inside source list 1 interface serial 0/0/0 overload
```

测试校园网内部计算机访问 Internet 上的 Web 服务器情况。测试结果表明，内部计算机都可以访问 Internet。

通过命令 show ip nat translations 可以看出，内部私有地址通过 PAT 转换后都转换为同一个内部全局地址 61.177.10.1，唯一不同的是，对应同一内部全局地址的不同的端口号，如图 7.65 所示。

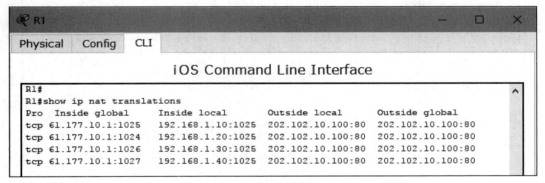

图 7.65　查看映射关系

方案二：

使用内部全局地址池转换，同样使用图 7.64 所示网络拓扑，要求利用 PAT 满足内部计算机访问 Internet。

首先对网络进行基本配置，满足两方面的要求：①校园网内部计算机能够 ping 通网关（地址 192.168.1.1）；②Internet 上的 Web 服务器计算机 ping 通校园网出口路由器 R1 连接外网接口 s0/0/0。前面已经有这部分完整配置。

具体 PAT 配置如下。

定义内网接口和外网接口：

```
R1(config)#interface fastEthernet 0/0          //进入路由器接口 f0/0
```

```
R1(config-if)#ip nat inside              //宣告内部接口
R1(config-if)#exit                       //退出
R1(config)#interface serial 0/0/0        //进入路由器 s0/0/0 接口
R1(config-if)#ip nat outside             //宣告外部接口
R1(config-if)#exit                       //退出
```

定义内部本地地址范围：

```
R1(config)#access-list 1 permit any
```

定义内部全局地址池：

```
R1(config)#ip nat pool tdp 61.177.10.3 61.177.10.5 netmask 255.255.255.248
```

建立映射关系：

```
R1(config)#ip nat inside source list 1 pool tdp overload
```

测试校园网内部计算机访问 Internet 上 Web 服务器情况。测试结果表明，内部计算机都可以访问 Internet。通过命令 show ip nat translations 查看结果，如图 7.66 所示。

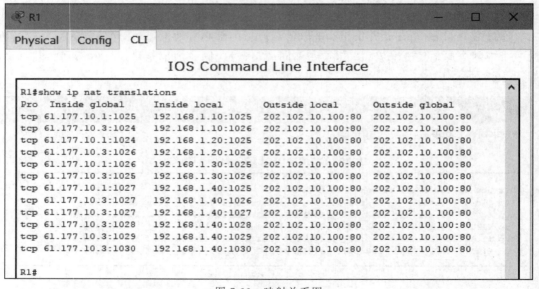

图 7.66　映射关系图

第8章 运 输 层

实验 1：UDP 的首部格式

由于 DNS 采用的运输层协议为 UDP，因此为了抓取 UDP，搭建基于 DNS 的网络环境。

（1）在 Packet Tracer 仿真软件上构建网络拓扑结构，如图 8.1 所示。设置主机的 IP 地址为 192.168.1.1，子网掩码为 255.255.255.0，服务器的 IP 地址为 192.168.1.100，子网掩码为 255.255.255.0。具体配置方式为：单击 PC，在弹出的对话框中选择 Desktop，在弹出的对话框中选择 IP configuration，设置 IP 地址及子网掩码。

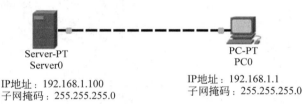

Server-PT
Server0

PC-PT
PC0

IP地址：192.168.1.100
子网掩码：255.255.255.0

IP地址：192.168.1.1
子网掩码：255.255.255.0

图 8.1　构建网络拓扑结构图

（2）开启服务器的 DNS 功能，具体操作如下：单击服务器，在弹出的对话框中选择 Config，在 Config 对话框中选择 DNS，结果如图 8.2 所示。

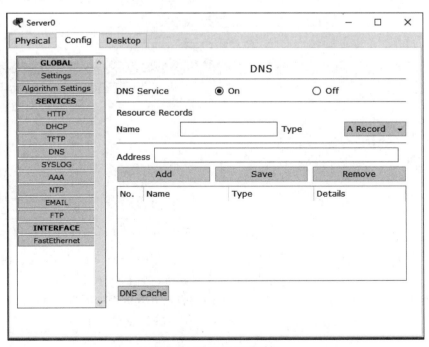

图 8.2　DNS 配置对话框

（3）在 DNS 配置界面中设置 DNS，设置域名 www.tdp.com，对应的 IP 地址为 192.168.
1.100，结果如图 8.3 所示。

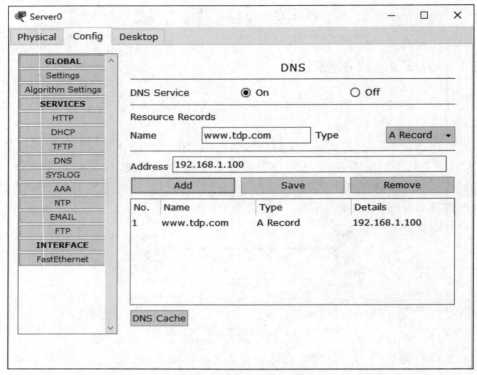

图 8.3　设置域名与 IP 地址对应关系

（4）打开 Packet Tracer 的 Simulation 模式，如图 8.4 所示。

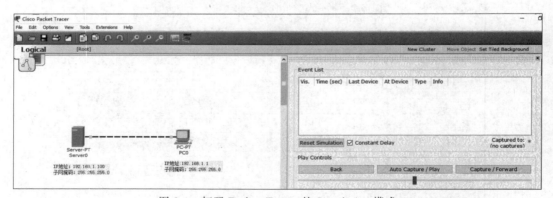

图 8.4　打开 Packet Tracer 的 Simulation 模式

（5）单击 PC，在弹出的对话框中选择 Desktop，在其中单击 Web Browser，在弹出的对
话框中的 URL 中输入域名 www.tdp.com，如图 8.5 所示，按 Enter 键。

（6）连续单击 Simulation 窗口中的 Capture/Forward，结果如图 8.6 所示。

（7）单击抓取的 DNS 数据包，弹出图 8.7 所示的对话框。PDU 详细信息如图 8.8
所示。

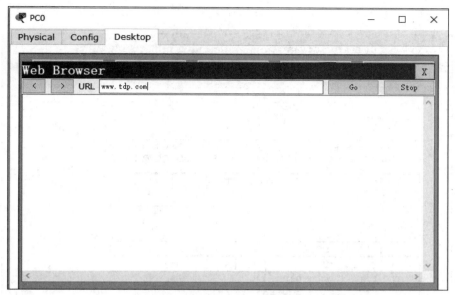

图 8.5 在 Web Browser 对话框中输入域名

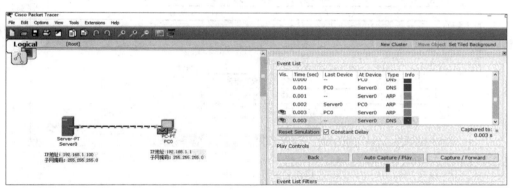

图 8.6 连续单击 Capture/Forward

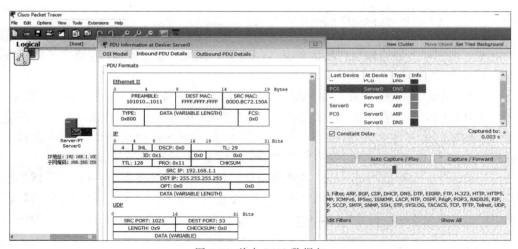

图 8.7 单击 DNS 数据包

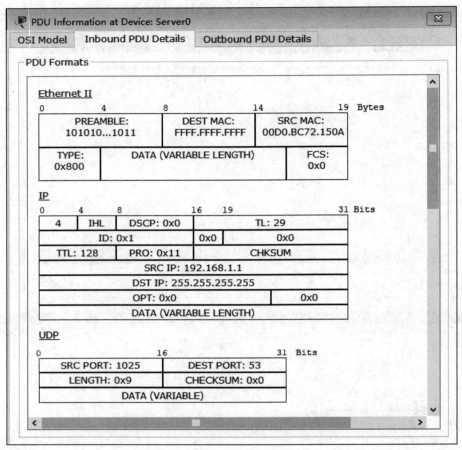

图 8.8　PDU 详细信息

实验 2：TCP 报文段格式分析

由于万维网服务的运输层传输的就是 TCP 协议，因此构建一个 Web 访问的网络环境能够分析 TCP 数据包。

（1）在 Packet Tracer 仿真软件构建网络拓扑结构图，如图 8.9 所示。设置主机的 IP 地址为 192.168.1.1，子网掩码为 255.255.255.0，服务器的 IP 地址为 192.168.1.100，子网掩码为 255.255.255.0。具体配置方式为：单击 PC，在弹出的对话框中选择 Desktop，在弹出的对话框中选择 IP configuration，在弹出的对话框中设置 IP 地址及子网掩码。

（2）在服务器上配置 Web 服务，具体操作过程如下：单击服务器，在弹出的对话框中选择 Config，在其中选择 SERVICES 下的 HTTP，查看网页 index.html 的 HTML 代码，该代码可以根据要求修改。可以看出，Packet Tracer 的 HTTP 服务默认是开启的，结果如图 8.10 所示。

PC-PT
PC0
IP地址：192.168.1.1
子网掩码：255.255.255.0

Server-PT
Server0
IP地址：192.168.1.100
子网掩码：255.255.255.0

图 8.9　构建网络拓扑结构图

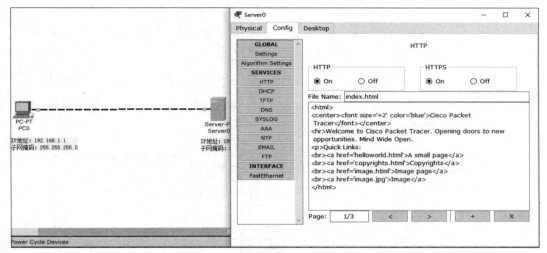

图 8.10　HTTP 配置对话框

（3）选择 Packet Tracer 的 Simulation 模式，如图 8.11 所示。

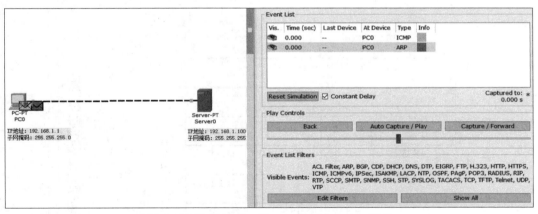

图 8.11　选择 Packet Tracer 的 Simulation 模式

（4）打开主机的浏览器，在 URL 窗口中输入服务器的 IP 地址 192.168.1.100。按 Enter 键，连续单击 Capture/Forward，结果如图 8.12 所示。

（5）单击 TCP，弹出图 8.13 所示的界面，显示 TCP 详细的组成结构。

结果与实际相符。

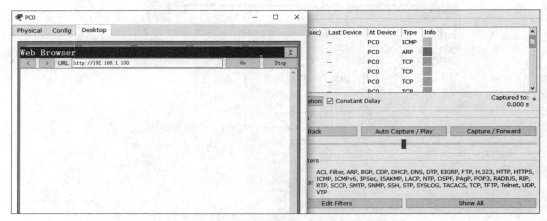

图 8.12 连续单击 Capture/Forward 抓取数据包

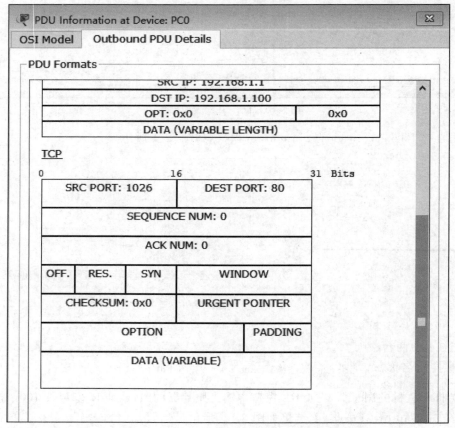

图 8.13 PDU Information

第9章 应用层

实验1：域名系统 DNS 服务器的搭建

1. 本章相关实验的虚拟环境搭建

为了便于学生独立顺利完成本章相关实验,搭建虚拟实验环境如下。

使用虚拟机 VMware 创建两台安装了操作系统的计算机,本章实验基本都是遵循"客户—服务器"模式,因此需要两台计算机,一台为客户机(虚拟机名称为 client),另一台为服务器(虚拟机名称为 server-Windows server 2008),如图 9.1 所示。

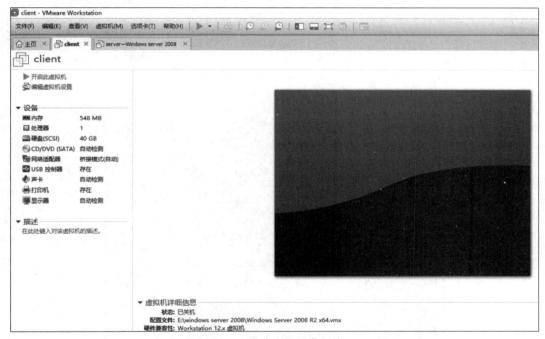

图 9.1　搭建虚拟试验环境

将图 9.1 中两台虚拟机的"网络适配器"均设置为"仅主机模式",分别选择这两个虚拟机,右击虚拟机名称→设置→网络适配器→仅主机模式,如图 9.2 所示。

接下来配置网络参数,使两台虚拟机互联互通,配置客户机 IP 地址为 192.168.1.100,子网掩码为 255.255.255.0;服务器 IP 地址为 192.168.1.200,子网掩码为 255.255.255.0。操作过程为,选择开始→网络,右击网络,在弹出的快捷菜单中选择属性→更改适配器设置,右击本地连接→属性→Internet 协议版本 4(TCP/IPv4)→属性→使用下面的 IP 地址,分别设置这两台计算机的网络参数,如图 9.3 和图 9.4 所示。

最后通过 ping 命令测试网络连通性,从客户端 client ping 服务器端 server,测试结果如图 9.5 所示,结果表明网络是连通的。

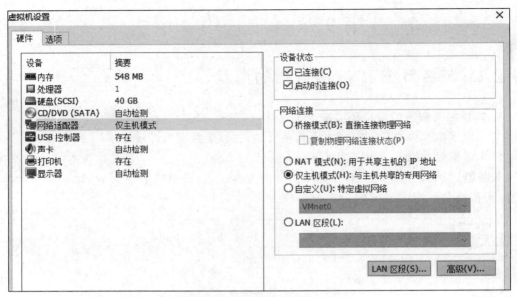

图 9.2　设置网络适配器模式

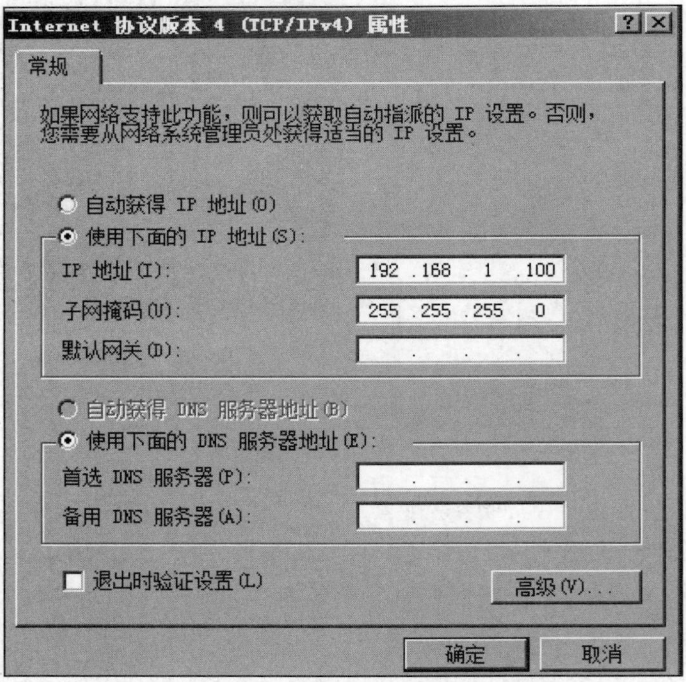

图 9.3　client 端网络参数设置

Internet 协议版本 4 (TCP/IPv4) 属性
常规
如果网络支持此功能，则可以获取自动指派的 IP 设置。否则，您需要从网络系统管理员处获得适当的 IP 设置。
自动获得 IP 地址(O)
使用下面的 IP 地址(S):
IP 地址(I):
192 .168 . 1 .200
子网掩码(U):
255 .255 .255 . 0
默认网关(D):
自动获得 DNS 服务器地址(B)
使用下面的 DNS 服务器地址(E):
首选 DNS 服务器(P):
备用 DNS 服务器(A):
退出时验证设置(L)
高级(V)...
确定
取消

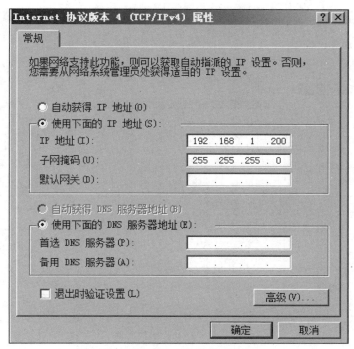

图 9.4　server 端网络参数设置

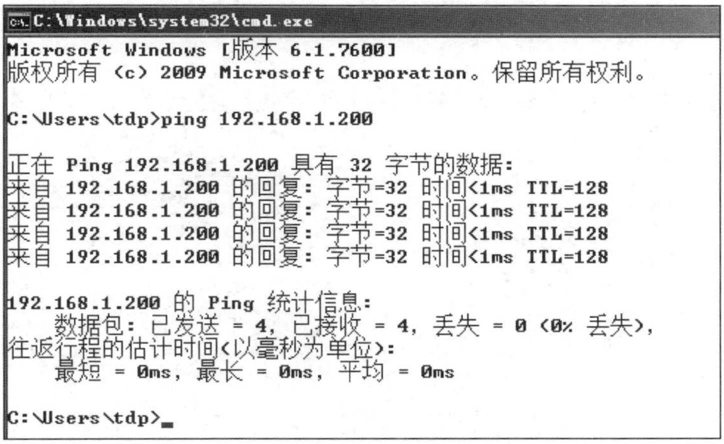

C:\Windows\system32\cmd.exe
Microsoft Windows [版本 6.1.7600]
版权所有 (c) 2009 Microsoft Corporation。保留所有权利。
C:\Users\tdp>ping 192.168.1.200
正在 Ping 192.168.1.200 具有 32 字节的数据:
来自 192.168.1.200 的回复: 字节=32 时间<1ms TTL=128
来自 192.168.1.200 的回复: 字节=32 时间<1ms TTL=128
来自 192.168.1.200 的回复: 字节=32 时间<1ms TTL=128
来自 192.168.1.200 的回复: 字节=32 时间<1ms TTL=128
192.168.1.200 的 Ping 统计信息:
数据包: 已发送 = 4，已接收 = 4，丢失 = 0 (0% 丢失)，
往返行程的估计时间(以毫秒为单位):
最短 = 0ms，最长 = 0ms，平均 = 0ms
C:\Users\tdp>

图 9.5　网络连通性测试结果

2. DNS 服务器配置

1）在 server-Windows server 2008 服务器上安装 DNS 服务器

（1）单击开始→管理工具→服务器管理器，在弹出的对话框中选择角色→添加角色，在“添加角色向导”中单击“下一步”按钮，进入“选择服务器角色”对话框，如图 9.6 所示。

（2）勾选 DNS 服务器，安装 DNS 服务器。单击“下一步”按钮，弹出“DNS 服务器简介”对话框。再单击“下一步”按钮，在弹出的“确认安装选择”对话框中单击“安装”按钮，进入 DNS 服务器安装过程。

（3）在“安装结果”对话框中显示“安装成功”，最后单击“关闭”按钮。

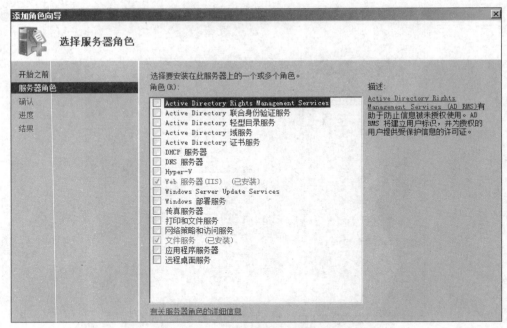

图 9.6　选择服务器角色

2）配置 DNS 服务器

（1）运行 DNS 服务器，单击开始→管理工具→DNS，弹出"DNS 管理器"对话框，如图 9.7 所示。

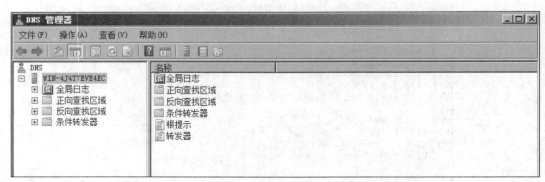

图 9.7　"DNS 管理器"对话框

（2）右击"正向查找区域"，在弹出的对话框中选择"新建区域"，单击"下一步"按钮，在"区域类型"中选择"主要区域"，单击"下一步"按钮，在"区域名称"中输入"域名"，如图 9.8 所示。输入区域名称后单击"下一步"按钮。默认区域文件名，单击"下一步"按钮，选择默认的"不允许动态更新"，单击"下一步"按钮，最终单击"完成"按钮。创建正向查找区域，结果如图 9.9 所示。

（3）在正向查找区域 xyz.com 右边的空白处右击，在弹出的快捷菜单中选择"新建主机"选项（A 或 AAAA），设置名称为 www，IP 地址为该域名对应的 IP 地址，这里设置为192.168.1.110，单击"添加主机"按钮，如图 9.10 所示。

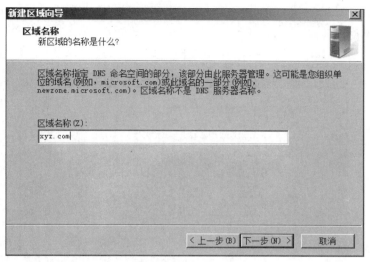

图 9.8 输入区域名称

图 9.9 创建正向查找区域结果

图 9.10 新建主机

（4）正向查找完成后，开始设置反向查找区域。右击"反向查找区域"，在弹出的对话框中选择"新建区域"，单击"下一步"按钮，选择默认的"主要区域"，单击"下一步"按钮，选择默认的"IPv4 反向查找区域(4)"，单击"下一步"按钮，在"反向查找区域名称"对话框中配置网络 ID 为"192.168.1"，如图 9.11 所示。单击"下一步"按钮，最后单击"完成"按钮。

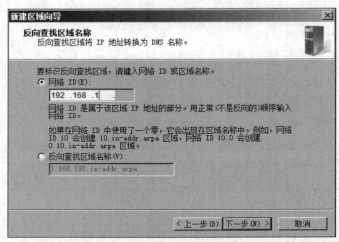

图 9.11　设置反向查找区域网络 ID

（5）在反向查找区域中新建指针，右击"反向查找区域"，在弹出的快捷菜单中选择 1.168.192.in-addr.arpa，在其中选择"新建指针(PTR)"，在"新建资源记录"对话框中单击"浏览"按钮，选择正向查找区域→xyz.com，单击"确定"按钮，再选择 www，单击"确定"按钮，结果如图 9.12 所示。

图 9.12　新建资源记录

正反向都完成后,检查 DNS 服务器是否有效。在"DNS 管理器"中右击主机名,在弹出的对话框中选择"启动 nslookup(A)",依次输入域名 www.xyz.com 以及 IP 地址,看信息是否匹配,如图 9.13 所示,域名解析成功。

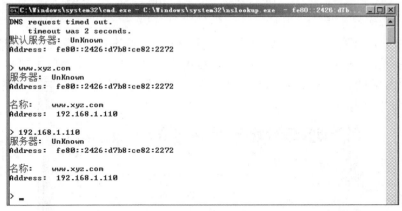

图 9.13　域名解析成功

实验 2：FTP 服务器的搭建

采用本章开始搭建的实验环境,实验过程如下。

1) 在 server-Windows server 2008 服务器上安装 FTP 服务器

(1) 单击开始→管理工具→服务器管理器,在弹出的对话框中选择角色→添加角色,在"添加角色向导"中单击"下一步"按钮,进入"选择服务器角色"对话框,如图 9.14 所示。

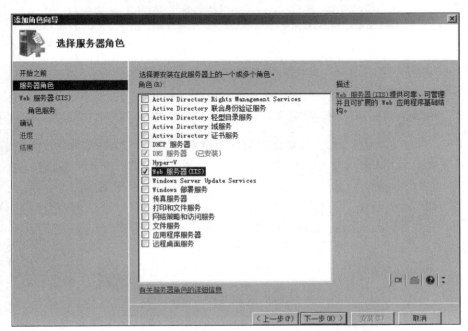

图 9.14　选择服务器角色

（2）勾选 Web 服务器（IIS），安装 Web 服务器。单击"下一步"按钮，弹出"Web 服务器（IIS）简介"对话框。再单击"下一步"按钮。在弹出的"选择角色服务"对话框中勾选 "FTP 服务器"，单击"下一步"按钮，再单击"安装"按钮，进入 FTP 服务器安装过程。

（3）"安装结果"对话框中显示"安装成功"，最后单击"关闭"按钮。

2）配置 FTP 服务器

（1）添加 FTP 账号：单击开始→管理工具→服务器管理器，在弹出的"服务器管理器"对话框中选择配置→本地用户和组→用户，在右边空白处右击，在弹出的快捷菜单中选择"新用户"，输入用户名和密码，可以设置"用户不能修改密码"和"密码永不过期"；单击"创建"按钮，如图 9.15 所示。

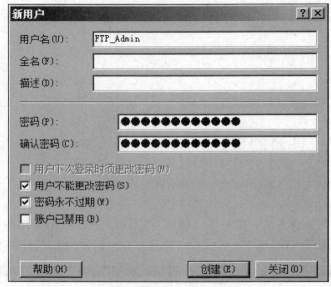

图 9.15　创建 FTP 账号

（2）打开"服务器管理器"，选择角色→Web 服务器（IIS）→Internet 服务（IIS）管理器，打开 IIS 管理界面，如图 9.16 所示。

图 9.16　IIS 管理界面

（3）启动添加 FTP 站点向导,右击左侧连接中的"网站",在弹出的快捷菜单中选择"添加 FTP 站点",如图 9.17 所示。

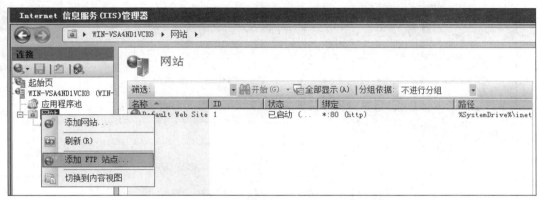

图 9.17　添加 FTP 站点

（4）启动"添加 FTP 站点"向导,输入 FTP 站点名称和 FTP 指向的路径,单击"下一步"按钮。

（5）绑定和 SSL 设置,选择 IP 地址(默认选择全部未分配,即所有 IP 都开放)和端口(默认选择 21);SSL 根据具体情况做出选择,如无须使用 SSL,请选择"无";单击"下一步"按钮。

（6）身份验证和授权信息。身份验证选择"基本",不建议开启"匿名";"授权"中允许访问的用户可以指定具体范围,如果不需要很多 FTP 用户,建议选择"指定用户",权限选择"读取"和"写入";最后单击"完成"按钮,如图 9.18 所示。

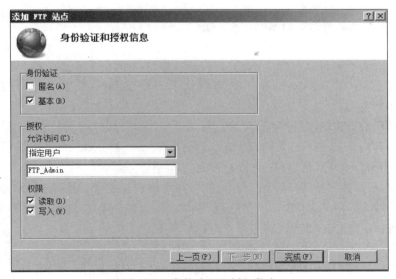

图 9.18　身份验证和授权信息

（7）测试 FTP 连接。可以在"我的电脑"地址栏中输入"FTP://IP(注意:这里的 IP 为具体的 IP 地址)"来连接 FTP 服务器,根据提示输入账户和密码,如图 9.19 所示。输入正确的用户名和密码,就可以浏览 FTP 内容了。

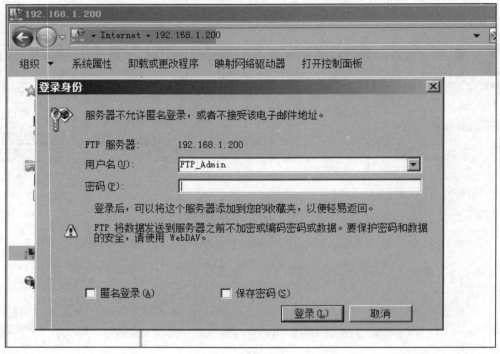

图 9.19　测试 FTP

如果计算机开启了 Windows 默认的防火墙,是连接不了 FTP 的,需要设置防火墙,最简单的处理是关闭 Windows 防火墙功能。

实验 3：TELNET 服务器的搭建

当测试一台远程主机或目的 IP 的网络连接是否连通或者可达的时候,Telnet 是一个常见而且好用的命令。Windows Server 2008 默认不安装 Telnet 选项,如果有需要可以手动安装并开启这个功能。

采用本章开始搭建的实验环境,实验过程如下。

在 server-Windows server 2008 服务器上安装 Telnet 服务器。

(1) 单击开始→管理工具→服务器管理器,弹出"服务器管理器"对话框。

(2) 在"服务器管理器"对话框右击"功能",在弹出的快捷菜单中选择"添加功能"选项,在"选择功能"对话框中选择"Telnet 服务器"和"Telnet 客户端",如图 9.20 所示。单击"下一步"按钮,然后在"确定安装选项"中单击"安装"按钮。

(3) 在安装结果中显示"安装成功",单击"关闭"按钮。

(4) 在 Telnet 客户端安装 Telnet 客户端软件,如图 9.21 所示。

(5) 在 server-Windows server 2008 服务器上安装的 Telnet 服务器上启动 Telnet 服务,操作过程为:单击开始→管理工具→服务→Telnet→启动,如图 9.22 所示。

(6) 在客户端登录 Telnet 服务器,如图 9.23 所示。

(7) 结果如图 9.24 所示,选择"y",弹出输入登录验证窗口,如图 9.25 所示。

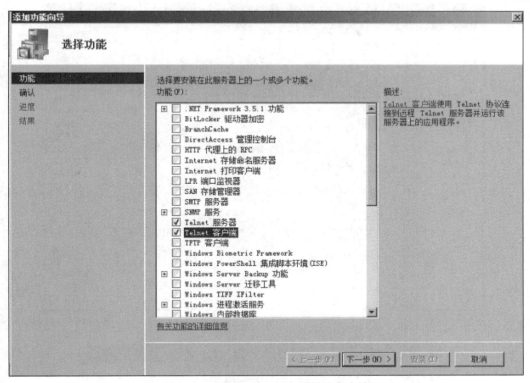

图 9.20　安装 Telnet 服务器以及客户端

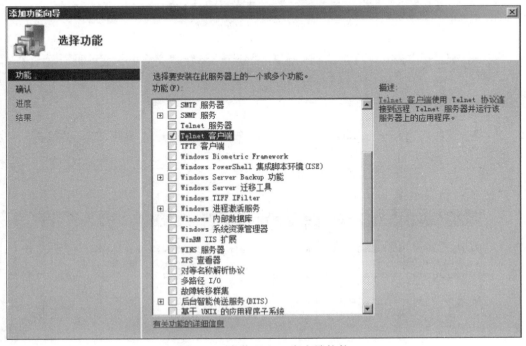

图 9.21　安装 Telnet 客户端软件

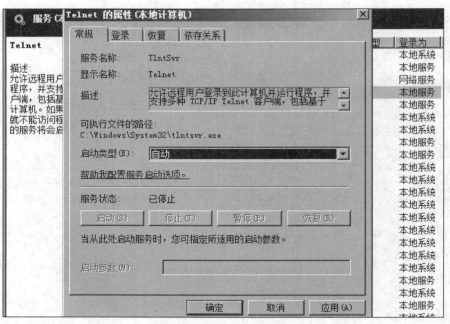

图 9.22　启动 Telnet 服务

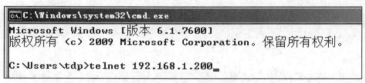

图 9.23　客户端 Telnet 登录服务器

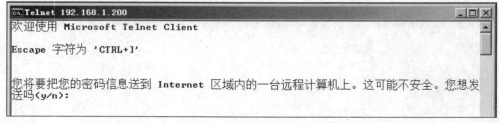

图 9.24　登录结果

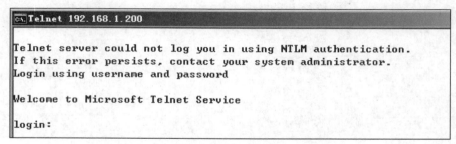

图 9.25　登录验证窗口

(8) 创建 Telnet 用户,单击开始→程序→管理工具→服务器管理器,在弹出的"服务管理器"对话框中单击配置→本地用户和组,选择"用户",在右边的窗口处右击,在弹出的快捷菜单中选择"新用户"选项,打开"新用户"对话框,如图 9.26 所示。

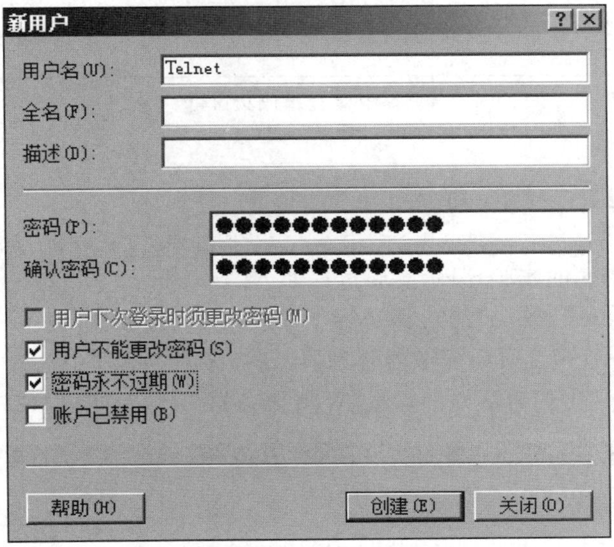

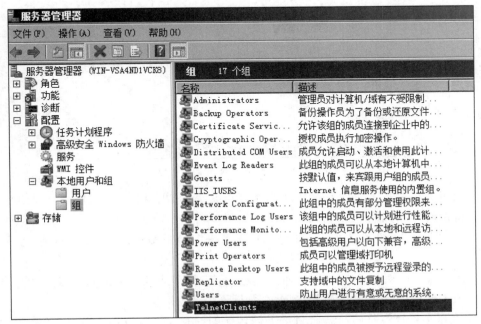

图 9.26　添加新用户

(9) 将该用户添加到 TelnetClients 组。双击图 9.27 中的 TelnetClients 组,在弹出的对话框中选择添加→高级→立即查找选项,在搜索结果中找到新创建的 Telnet 用户,单击"确定"按钮,再单击"确定"按钮,最后再单击"确定"按钮,将 Telnet 添加到 TelnetClients 组中。

图 9.27　向 TelnetClients 组添加用户

(10) 在图 9.25 所示窗口中输入用户名 Telnet 以及密码,结果如图 9.28 所示。

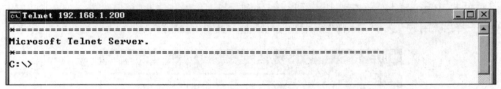

图 9.28　登录成功窗口

实验 4：利用 IIS 发布万维网

采用本章开始搭建的实验环境,实验过程如下。

在 server-Windows server 2008 服务器上安装 IIS 服务器。

(1) 单击开始→管理工具→服务器管理器,在弹出的对话框中选择角色→添加角色,单击"下一步"按钮,在弹出的对话框中勾选"Web 服务器(IIS)",如图 9.29 所示。

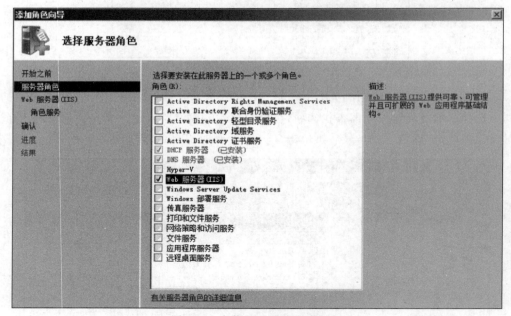

图 9.29　安装 Web 服务器对话框

(2) 单击"下一步"按钮,打开"Web 服务器(IIS)简介"对话框,再单击"下一步"按钮,打开"选择角色服务"对话框,如图 9.30 所示。

(3) 选择默认设置,单击"下一步"按钮,再单击"安装"按钮,进入安装过程,如图 9.31 所示。

(4) 安装成功,单击"关闭"按钮,回到"服务器管理器"界面。在该服务器的浏览器上输入地址 http://127.0.0.1,浏览预设的网页,如图 9.32 所示。

(5) 在服务器计算机的 C 盘根目录下创建新的网页文件夹 www。在该文件夹下创建新的网页,网页文件名为 index.html。具体创建过程为：首先在文件夹 www 窗口的左边单

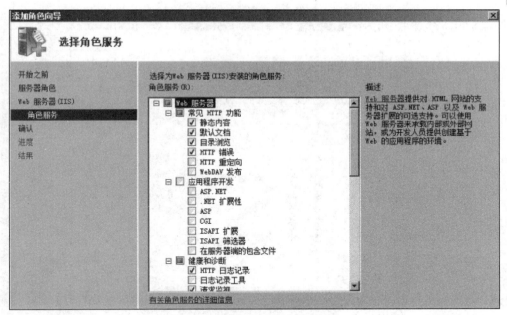

图 9.30　"选择角色服务"对话框

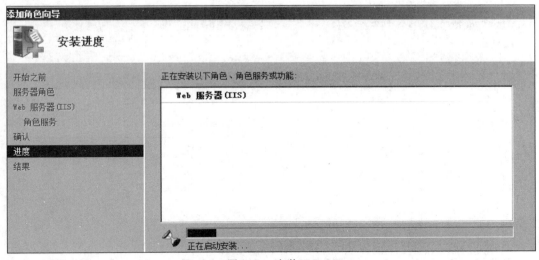

图 9.31　安装 IIS

击组织→文件夹和搜索选项→查看，取消勾选"隐藏已知文件类型的扩展名"。单击"确定"按钮。在 www 文件夹下新建文件名为 index.txt 的文本文件，如图 9.33 所示。

（6）用 HTML 语言编写 index.txt 文件。代码如下。

```
<html>
<head>
<title>我的第一个 HTML 页面</title>
</head>
<body>
<p>body 元素的内容会显示在浏览器中。</p>
```

图 9.32　浏览预设的网页

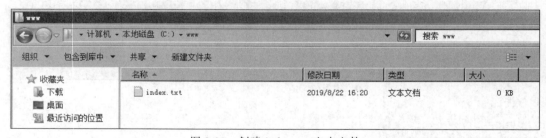

图 9.33　创建 index.txt 文本文件

<p>title 元素的内容会显示在浏览器的标题栏中。</p>

</body>

</html>

（7）将文件命名为 index.html，如图 9.34 所示。

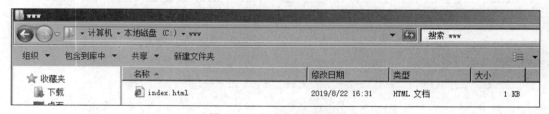

图 9.34　生成的网页文件

（8）用 IIS 环境搭建网站，单击开始→Internet 信息服务（IIS）管理器，打开管理器对话框。在左边的导航栏中展开导航按钮，右击"网站"选项，在弹出的快捷菜单中选择"添加网站"选项，如图 9.35 所示。

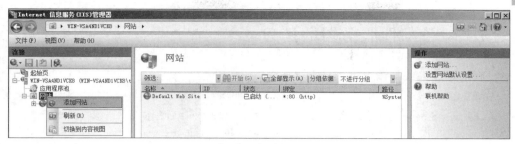

图 9.35　添加网站

（9）添加网站相关设置，如图 9.36 所示，之后单击"确定"按钮。

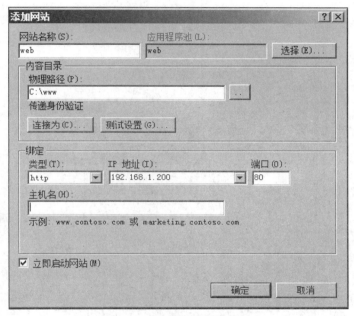

图 9.36　添加网站相关设置

（10）在客户端计算机 client 的浏览器中输入网站地址 http://192.168.1.200，浏览刚刚
创建在服务器上的网页，显示结果如图 9.37 所示。

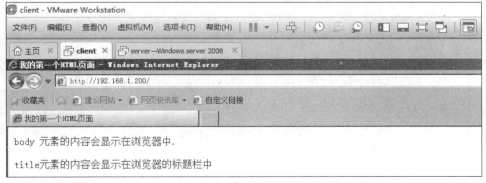

图 9.37　在客户计算机 client 中浏览网站

实验 5：电子邮件服务器的搭建

1. 利用操作系统架设电子邮件服务器

在 Windows Server 2003 之后，微软网络操作系统默认不再支持 POP3 服务。如果需要在 Windows Server 2008 或者 Windows Server 2012 网络操作系统上架设电子邮件服务器，需要第三方 POP3 服务器程序的支持，整个架设过程较复杂。下面以在 Windows Server 2003 操作系统上架设邮件服务器为例介绍邮件服务器的架设过程。

1）实验环境的搭建

网络环境如图 9.38 所示，在 VMware 中安装两台 Windows Server 2003 虚拟机，其中一台正常安装，另一台可以采用克隆的方式创建。

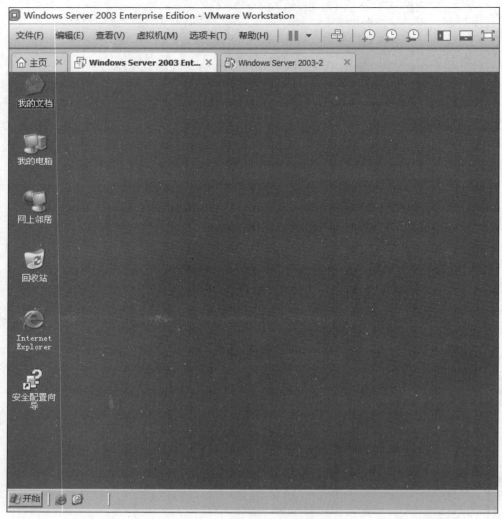

图 9.38　在 VMware 中安装两台虚拟机

将两台虚拟机的网络设置成"仅主机模式"，如图 9.39 所示。

图 9.39　将虚拟机的网卡设置成"仅主机模式"

设置两台虚拟机的网络参数,其中一台设置为 192.168.1.100,另一条设置为 192.168.1.200,如图 9.40 所示。

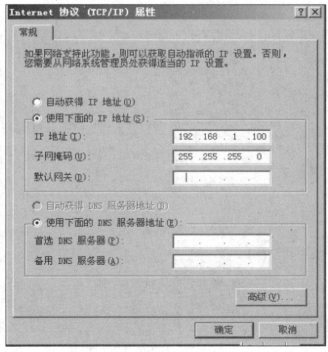

图 9.40　设置两台虚拟机的网络参数

测试两台虚拟机的连通性,如图 9.41 所示。

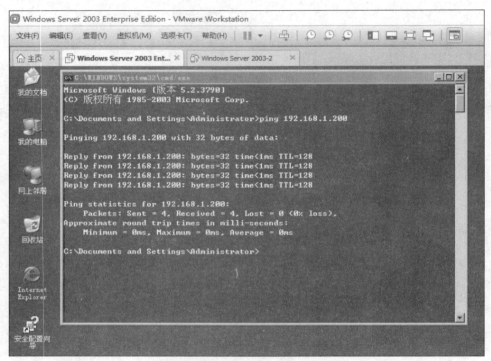

图 9.41　测试两台虚拟机的连通性

2) 安装 SMTP 以及 POP3 服务

单击开始→程序→管理工具→管理您的服务器,如图 9.42 所示。

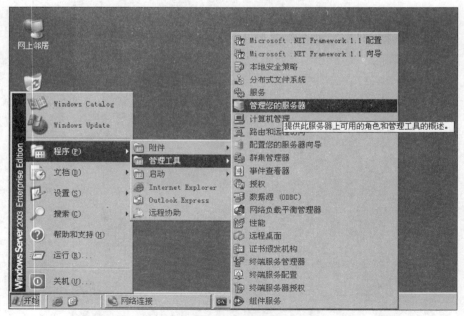

图 9.42　打开"管理您的服务器"

在弹出的对话框中单击"添加或删除角色"，如图 9.43 所示。

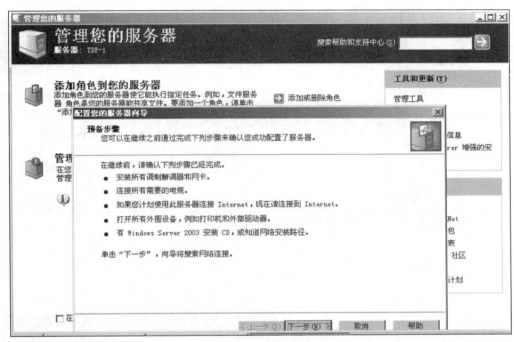

图 9.43　添加/删除服务器向导

单击"下一步"按钮，弹出图 9.44 所示对话框。

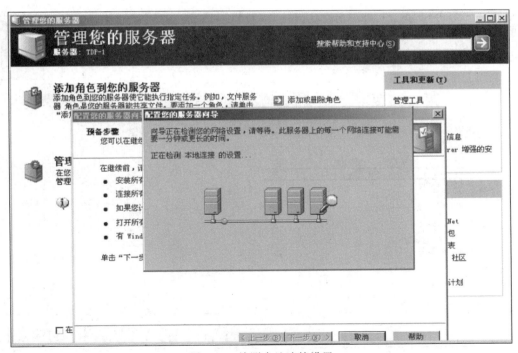

图 9.44　检测本地连接设置

在图 9.45 所示的对话框中选择"自定义配置"选项。

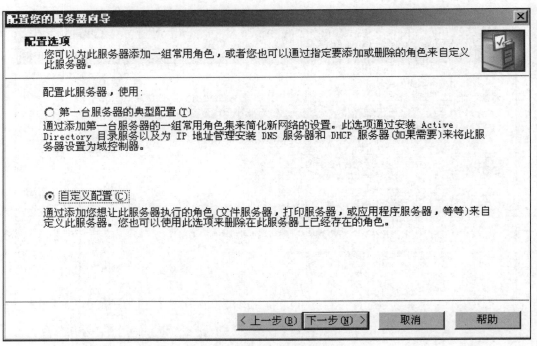

图 9.45　选择"自定义配置"选项

在图 9.46 所示的对话框中选择"邮件服务器(POP3,SMTP)",单击"下一步"按钮。

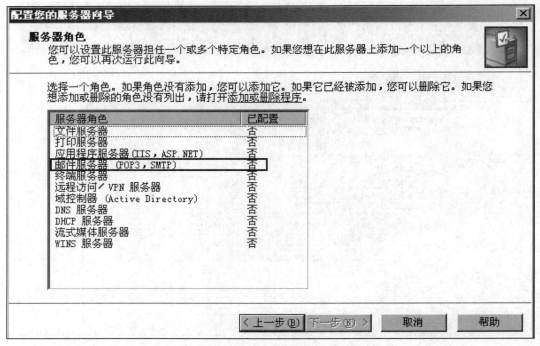

图 9.46　选择需要安装的服务器角色

在图 9.47 所示的"配置 POP3 服务"对话框中选择身份验证方法为"本地 Windows 账户"，电子邮件域名为"tdp.com"，单击"下一步"按钮。在"选择总结"对话框中单击"下一步"按钮，打开图 9.48 所示的程序安装对话框，直至到达图 9.49 所示的程序安装成功界面。

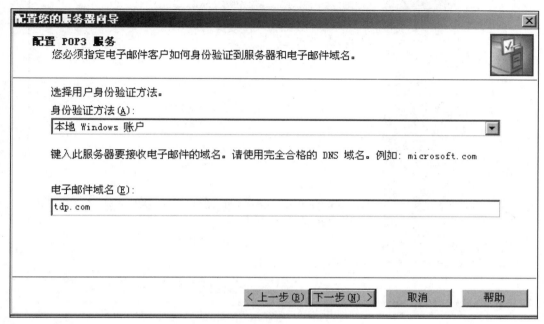

图 9.47　设置身份验证方法及电子邮件域名

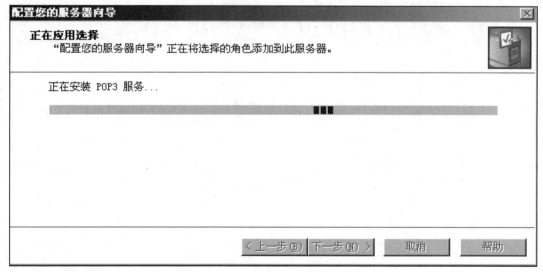

图 9.48　程序安装中

在图 9.50 所示的对话框中选择"管理此邮件服务器"选项，弹出图 9.51 所示的 POP3 服务配置界面。

在图 9.52 所示对话框中添加邮箱 zhangsan，添加过程如图 9.52～图 9.54 所示。

同样添加另一邮箱 lisi，添加成功后如图 9.55 所示。

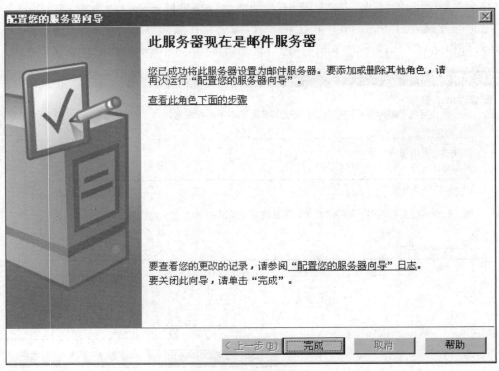

图 9.49　程序安装完成

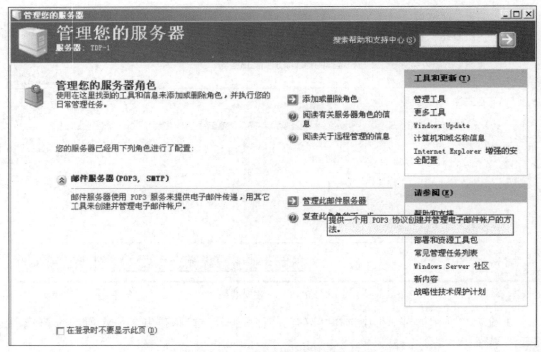

图 9.50　选择"管理此邮件服务器"选项

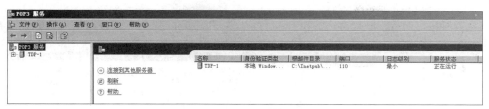

图 9.51　POP3 配置界面

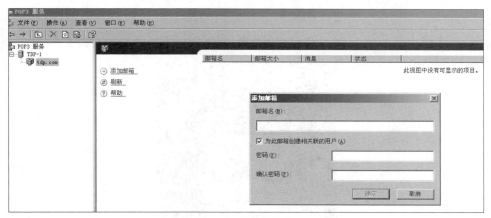

图 9.52　创建邮箱

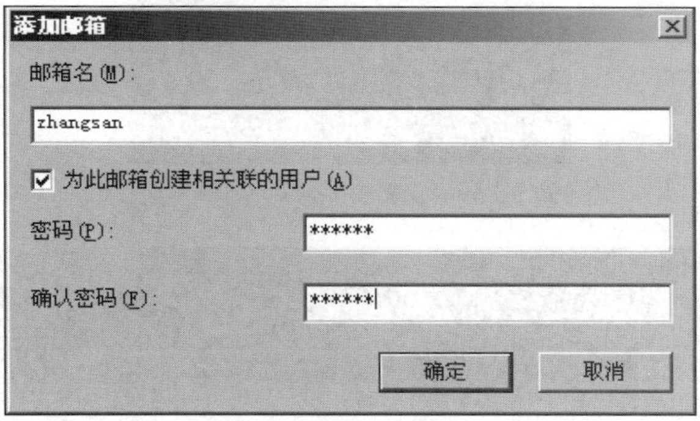

图 9.53　添加邮箱账号

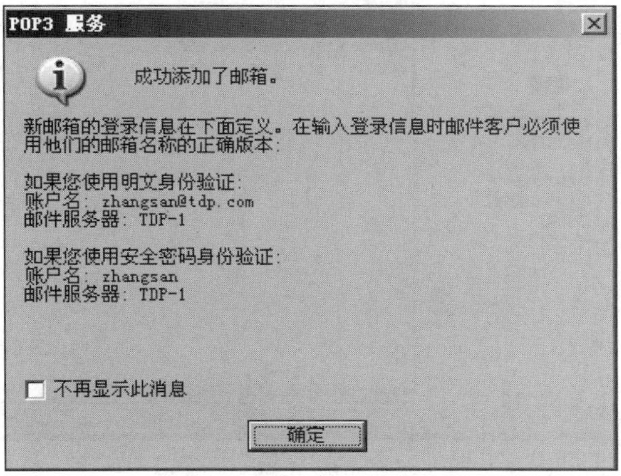

图 9.54　邮箱添加成功

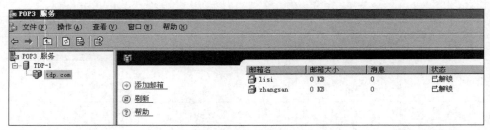

图 9.55　添加两个邮箱账号

在操作系统中添加 zhangsan 和 lisi 两个账号，添加过程如图 9.56～图 9.59 所示。

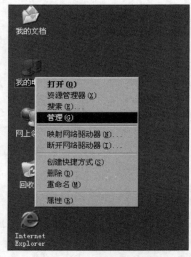

图 9.56　打开 Windows 管理界面

图 9.57　添加 Windows 账号

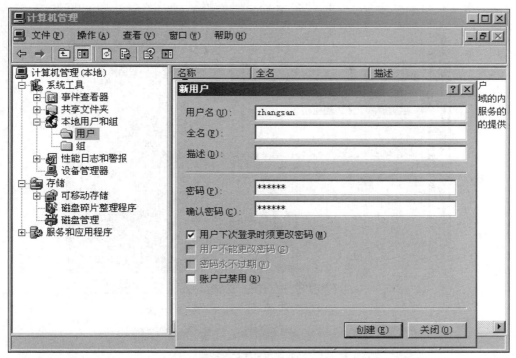

图 9.58 添加账号 zhangsan

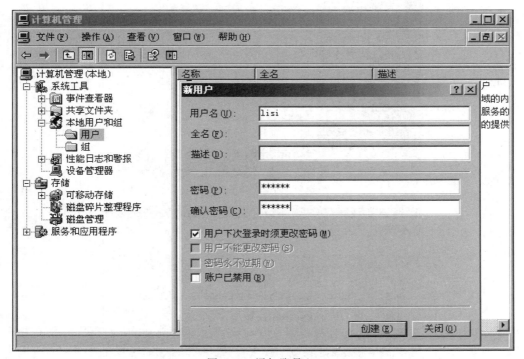

图 9.59 添加账号 lisi

在一台虚拟机上打开 Outlook,并登录 zhangsan 邮箱,如图 9.60～图 9.66 所示。

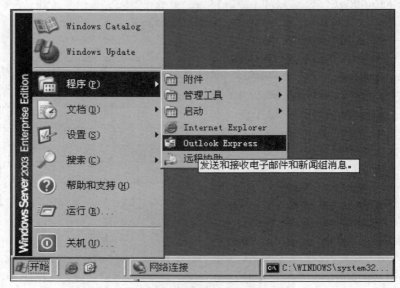

图 9.60　打开 Outlook Express

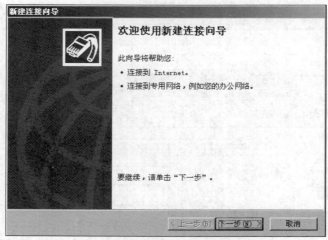

图 9.61　单击"取消"按钮

图 9.62　输入显示名为 zhangsan

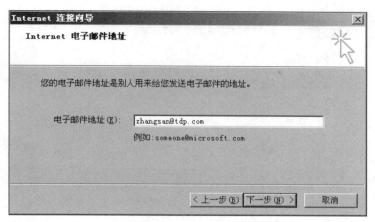

图 9.63　输入电子邮件地址

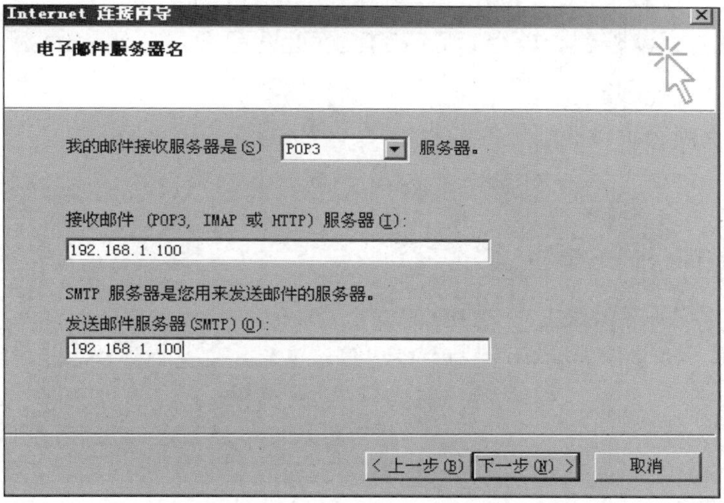

图 9.64　设置 POP3 和 SMTP 服务器地址

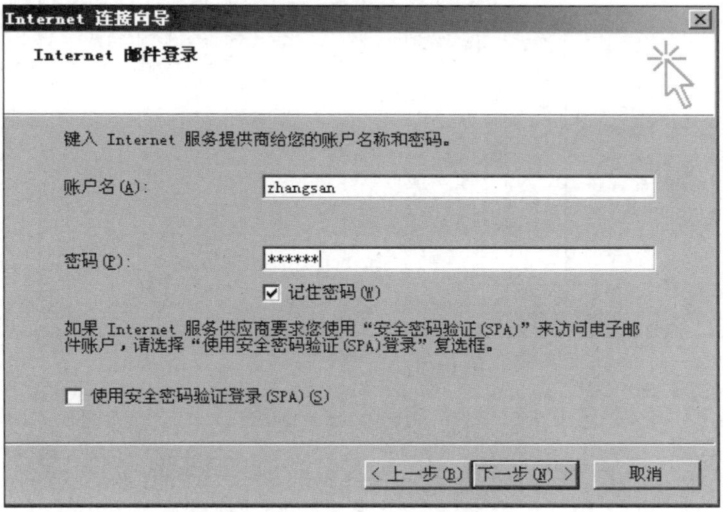

图 9.65　登录 zhangsan 邮箱

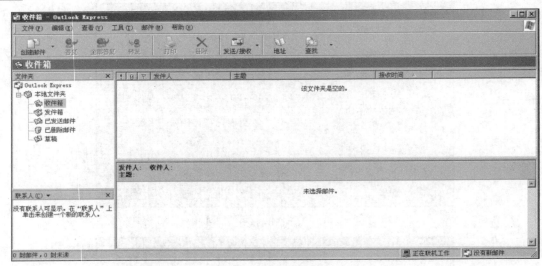

图 9.66　成功登录 zhangsan 邮箱

在 zhangsan 邮箱中发送邮件给 lisi，如图 9.67 所示。

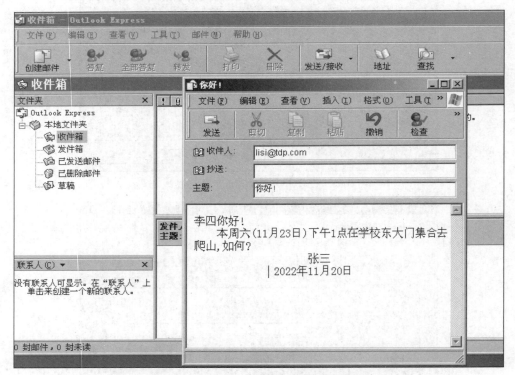

图 9.67　在 zhangsan 邮箱写邮件发送给 lisi

在另一台虚拟机中登录 lisi 邮箱，并阅读 zhangsan 发来的电子邮件，如图 9.68 和图 9.69 所示。

至此，整个电子邮箱安装配置完成。

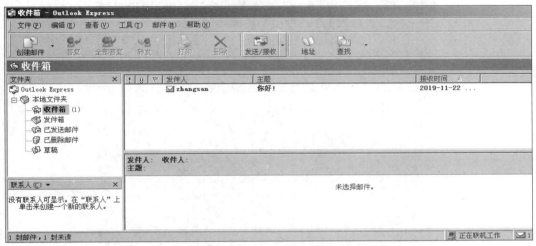

图 9.68　登录 lisi 邮箱接收邮件

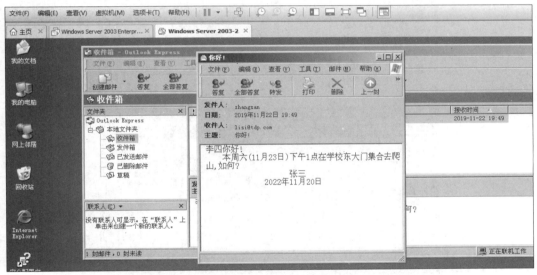

图 9.69　阅读 zhangsan 发来的电子邮件

2. 利用 IMail 架设电子邮件服务器

以上架设电子邮件服务器来进行电子邮件的收发过程有点复杂,实际架设电子邮件服务时,可以利用一些邮件服务器软件直接配置,如 Exchange、U-mail、IMail 等。下面以常见的电子邮件服务器软件 IMail 为例,探讨该邮件服务器架设过程。

1) 搭建 C/S 网络环境

在 VMware 虚拟机上安装两台虚拟机,为了操作方便,一台安装 Windows Server 2003,另一台虚拟机为对该虚拟机的克隆。由于克隆的机器与原机器的计算机名相同,因此需要改变机器名,使它们不再相同,具体设置过程如图 9.70 和图 9.71 所示。通过设置相关的网络参数,可以使这两台虚拟机能够互相访问。另外需要配置这两台虚拟机的网络参数。

设置两台虚拟机的网络连接为"仅主机模式",结果如图 9.72 所示。

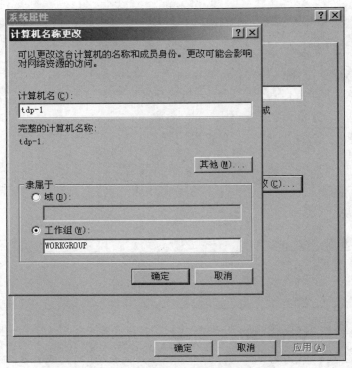

图 9.70　更改主机名(1)

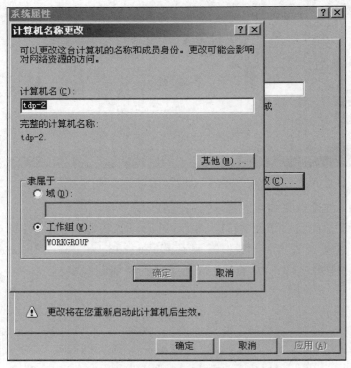

图 9.71　更改主机名(2)

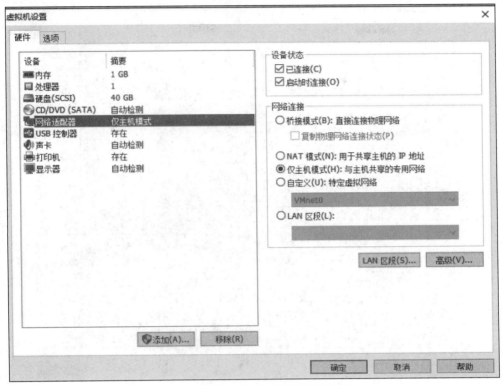

图 9.72　设置虚拟机为"仅主机模式"

　　设置主机的网络参数，其中一台主机 IP 地址为 192.168.1.200，另一台主机 IP 地址为
192.168.1.100，如图 9.73 所示。

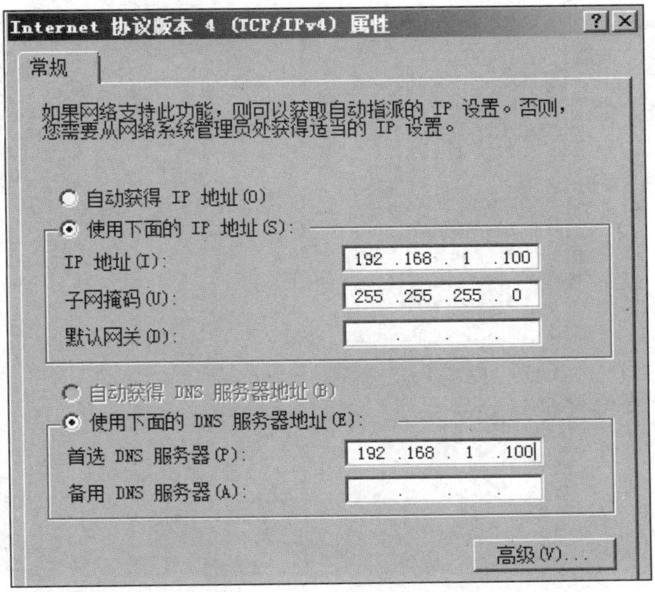

图 9.73　设置主机的网络参数

测试两台主机的网络连通性,如图 9.74 所示。

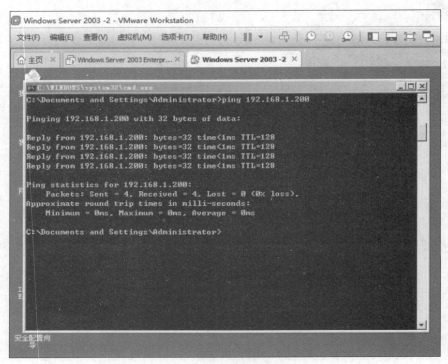

图 9.74　测试网络连通性

2) 在 Windows Server 2003 服务器上安装 IMail 邮件服务器

整个 IMail 安装过程如图 9.75～图 9.92 所示。

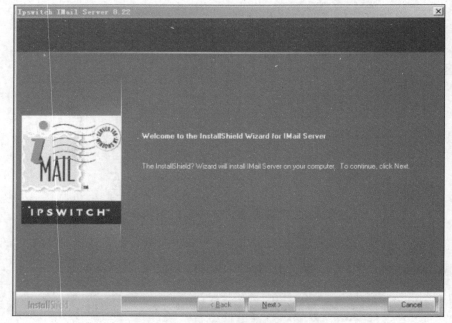

图 9.75　安装欢迎界面

图 9.76　设置域名

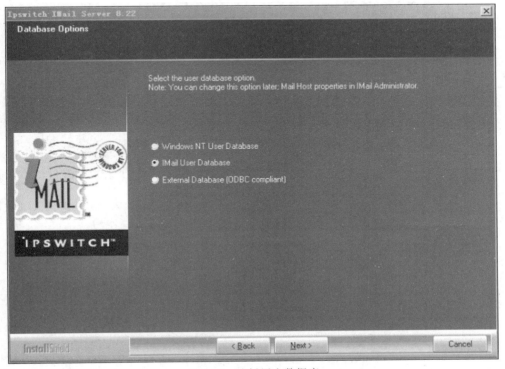

图 9.77　选择用户数据库

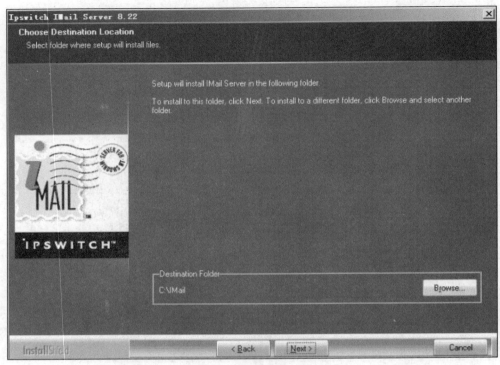

图 9.78　选择安装目录

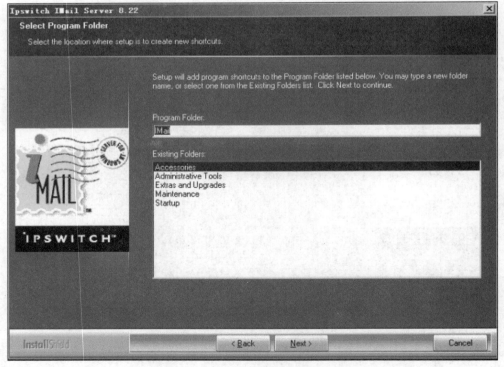

图 9.79　设置安装文件夹

图 9.80　选择默认不安装 SSL Keys

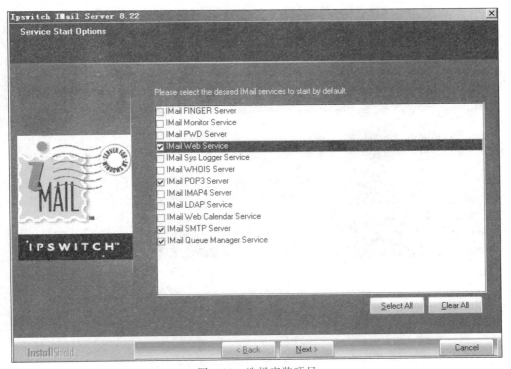

图 9.81　选择安装项目

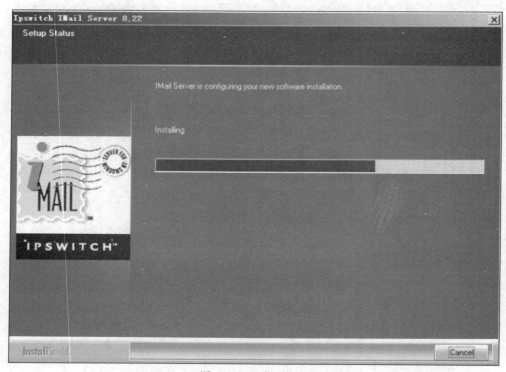

图 9.82　程序安装中

图 9.83　单击"是"按钮添加用户

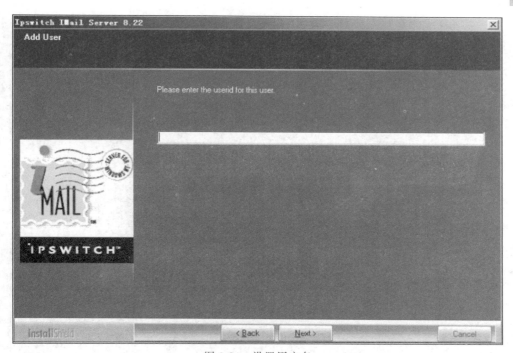

图 9.84 设置用户名

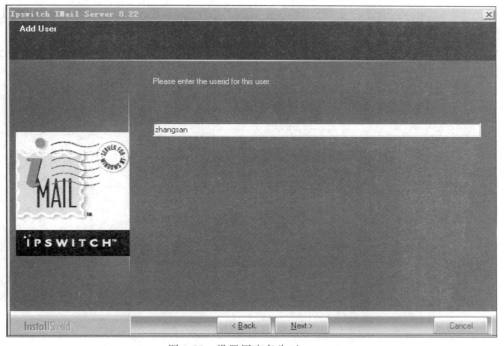

图 9.85 设置用户名为 zhangsan

图 9.86　设置用户密码

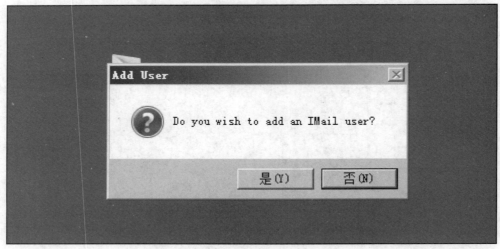

图 9.87　添加另一用户名

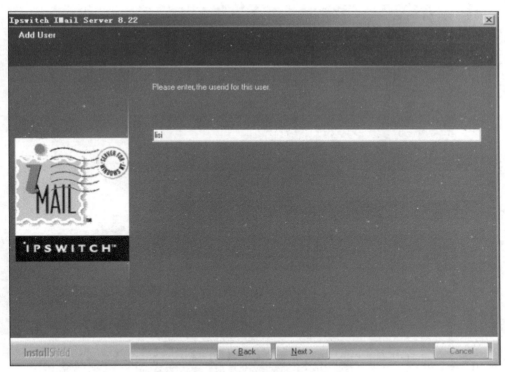

图 9.88　添加用户名为 lisi

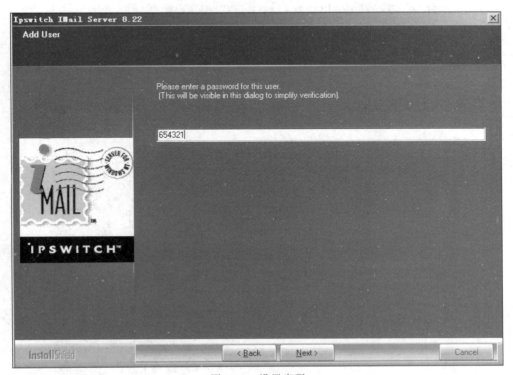

图 9.89　设置密码

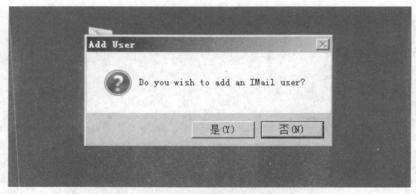

图 9.90 单击"否"按钮不再添加用户

图 9.91 安装完成

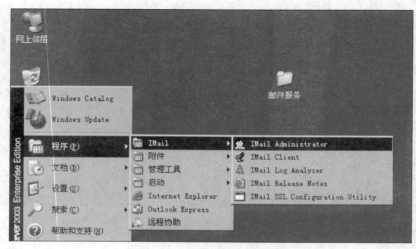

图 9.92 执行安装好的程序

IMail 邮件使用过程如图 9.93～图 9.103 所示。

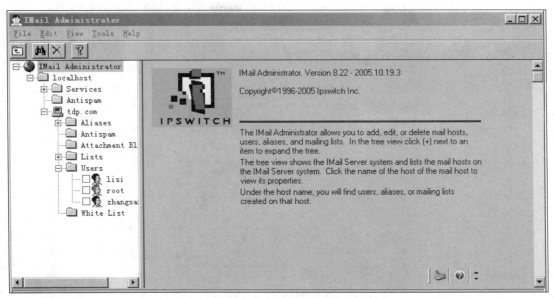

图 9.93　程序执行后的界面

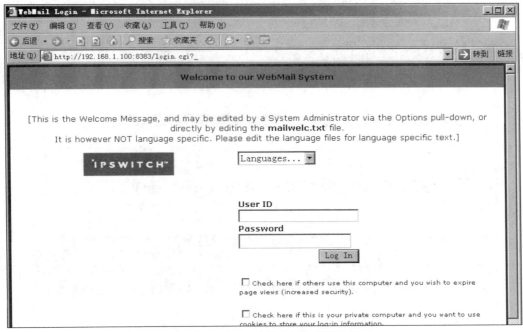

图 9.94　通过浏览器访问邮件服务器

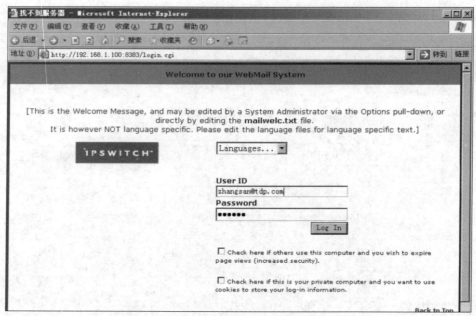

图 9.95　登录 zhangsan 邮箱

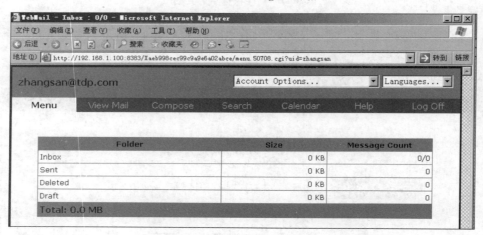

图 9.96　进入 zhangsan 邮箱

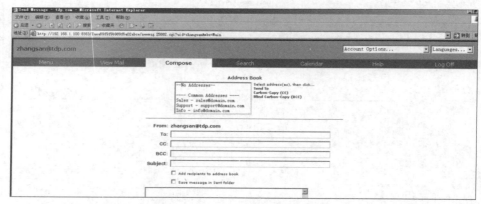

图 9.97　zhangsan 发送邮件界面

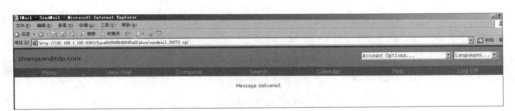

图 9.98　zhangsan 写邮件发送给 lisi

图 9.99　zhangsan 邮件发送成功界面

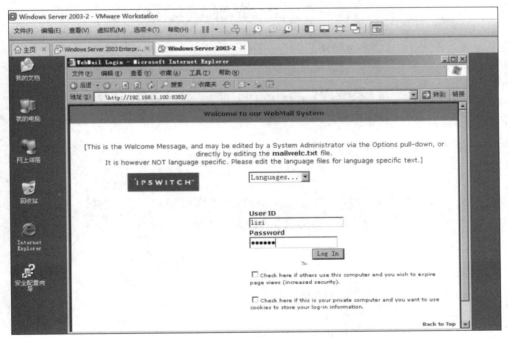

图 9.100　在另一客户机登录 lisi 邮箱

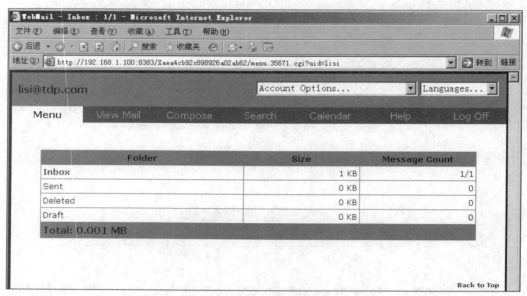

图 9.101　lisi 邮箱界面

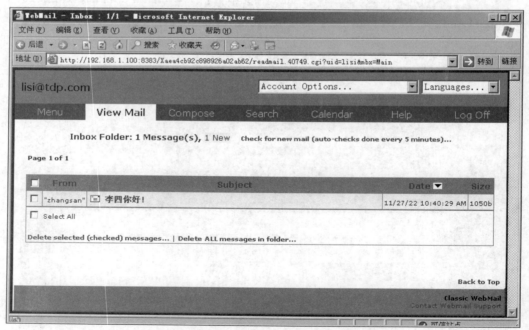

图 9.102　lisi 收到 zhangsan 发送的邮件界面

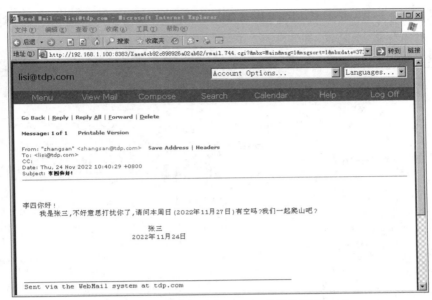

图 9.103　lisi 读取 zhangsan 发送的邮件

实验 6：DHCP 服务器的搭建

采用本章开始搭建的实验环境，实验过程如下。

在 server-Windows server 2008 服务器上安装 DHCP 服务器。

（1）单击开始→管理工具→服务器管理器，在弹出的对话框中选择角色→添加角色，单击"下一步"按钮，在弹出的对话框中选择"DHCP 服务器"，如图 9.104 所示。

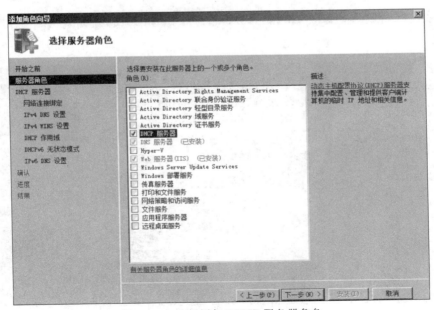

图 9.104　选择添加 DHCP 服务器角色

（2）单击"下一步"按钮，打开"DHCP 服务器简介"对话框，再单击"下一步"按钮，打开
"选择网络连接绑定"对话框，如图 9.105 所示。

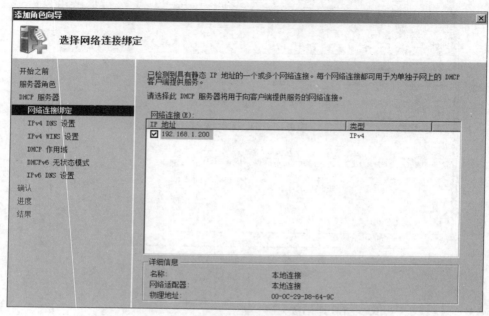

图 9.105　选择网络连接绑定

（3）单击"下一步"按钮，打开"指定 IPv4 DNS 服务器设置"对话框，输入父域名和 DNS
服务器的 IP 地址，这个域将用于在这台 DHCP 服务器上创建的所有作用域；当 DHCP 更新
IP 地址信息的时候，相应的 DNS 更新会将计算机的名称到 IP 地址的关联进行同步，设置
结果如图 9.106 所示。

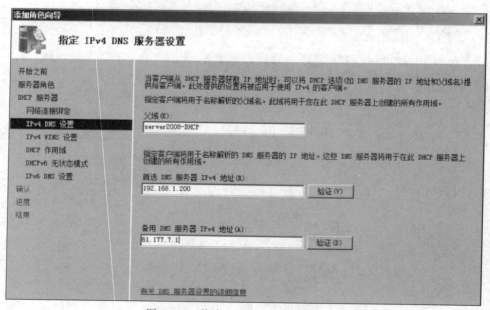

图 9.106　指定 IPv4 DNS 服务器设置

（4）单击"下一步"按钮，打开"IPv4 WINS 服务器设置"对话框，选择默认的"此网络上的应用程序不需要 WINS（W）"（若需要，则正确设置好目标 WINS 服务器的 IP 地址），单击"下一步"按钮。

（5）接下来在"DHCP 作用域"对话框中单击右侧"添加"按钮，根据本地局域网 IP 地址分配情况设置 DHCP 服务器的适用范围，同时选中"激活此作用域"选项，并单击"确定"按钮添加完成。设置结果如图 9.107 所示。

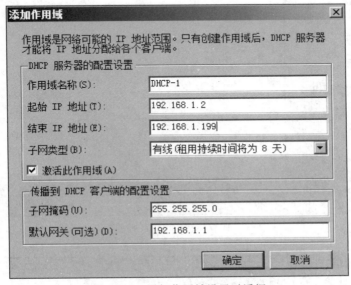

图 9.107　添加作用域设置对话框

（6）单击"确定"按钮，打开"DHCPv6 无状态模式"配置对话框，选择"对此服务器禁用 DHCPv6 无状态模式（D）"；在 Windows Server 2008 中默认增加了对下一代 IP 地址规范 IPv6 的支持。不过，就目前的网络现状来说，很少用到 IPv6，因此可以选择对此服务器禁用 DHCPv6 无状态模式。单击"下一步"按钮。

（7）在"确定"界面确认后单击"安装"按钮，开始自动安装，如图 9.108 所示。直至安装成功。

（8）测试 DHCP 服务器。在客户端计算机将 IP 地址设置成"自动获得"，在"开始"窗口中右击"网络"，在弹出的快捷菜单中选择"属性"，在其中选择"更改适配器设置"选项，在弹出的窗口中右击"本地连接"，在弹出的对话框中选择属性→Internet 协议版本（TCP/IPv4）→属性，在弹出的"Internet 协议版本 4（TCP/IPv4）属性"对话框中选择"自动获得 IP 地址（D）"以及"自动获得 DNS 服务器地址（B）"，结果如图 9.109 所示。

（9）在该仿真环境中需要设置"虚拟网络编辑器"，在 VMware 中选择编辑→虚拟网络编辑器→更改设置，取消勾选"VMnet1 仅主机模式中"的"使用本地 DHCP 服务器 IP 地址分配给虚拟机（D）"。单击"确定"按钮。分别将服务器计算机 server-Windows server 2008 以及客户机 client 中的网络适配器设置成"仅主机模式"。

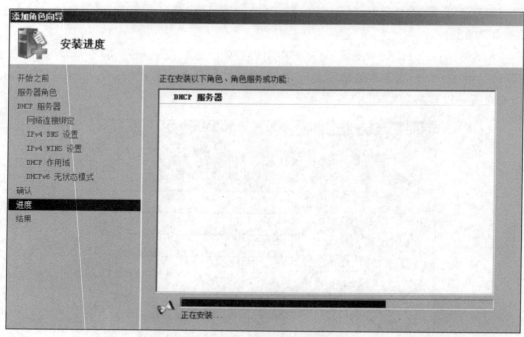

图 9.108　安装 DHCP 服务器

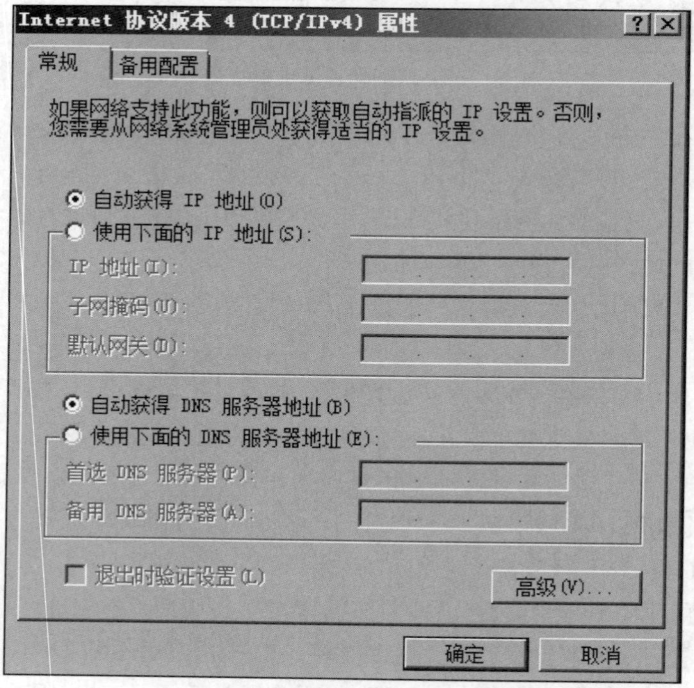

图 9.109　Internet 协议版本 4(TCP/IPv4)属性设置

（10）单击确定→关闭，在客户机中运行开始→cmd，在弹出的窗口中执行命令 ipconfig/all，自动获得相关的网络参数，如图 9.110 所示。

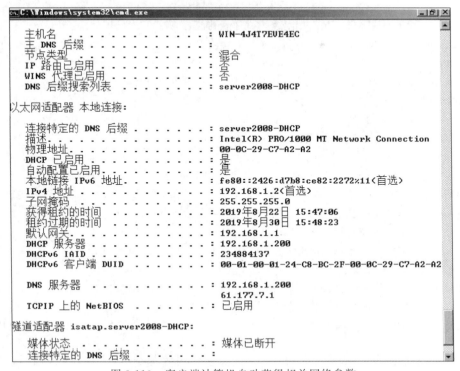

图 9.110　客户端计算机自动获得相关网络参数

参 考 文 献

[1] 谢希仁.计算机网络[M].7版.北京:电子工业出版社,2017.

[2] DEAL R. CCNA 学习指南:Exam 640-802 中文版[M].张波,胡颖琼,等译.北京:人民邮电出版社,2009.

[3] 王达.深入理解计算机网络[M].北京:中国水利水电出版社,2017.

[4] 张国清.CCNA 学习宝典[M].北京:电子工业出版社,2008.

[5] CIOARA J,MINUTELLA D,STEVENSON H. CCNA 标准教材:640-802[M].徐宏,程代伟,池亚平,译.2版.北京:电子工业出版社,2009.

[6] LAMMLE T. CCNA 学习指南:640-802[M].袁国忠,徐宏,译.7版.北京:人民邮电出版社,2012.

[7] 刘晓辉.网络设备规划、配置与管理大全[M].2版.Cisco 版.北京:电子工业出版社,2012.

[8] LAMMLE T. CCNA 学习指南:路由和交换认证[M].袁国忠,译.北京:人民邮电出版社,2014.

[9] 梁广民,王隆杰.思科网络实验室 CCNA 实验指南[M].北京:电子工业出版社,2009.

[10] 钱德沛,张力军.计算机网络实验教程[M].2版.北京:高等教育出版社,2017.

[11] 刘江,杨帆,魏亮,等.计算机网络实验教程[M].北京:人民邮电出版社,2018.

[12] 唐灯平.计算机网络安全技术原理与实验[M].北京:清华大学出版社,2023.

[13] 唐灯平.网络互联技术与实践[M].2版.北京:清华大学出版社,2022.

[14] 唐灯平.计算机网络技术原理与实验[M].北京:清华大学出版社,2020.

[15] 唐灯平.整合 GNS3 VMware 搭建虚实结合的网络技术综合实训平台[J].浙江交通职业技术学院学报,2012(2):41-44.

[16] 唐灯平.利用 Packet Tracer 模拟软件实现三层网络架构的研究[J].实验室科学,2010(3):143-146.

[17] 唐灯平.利用 Packet Tracer 模拟组建大型单核心网络的研究[J].实验室研究与探索,2011(1):186-189.

[18] 唐灯平,朱艳琴,杨哲,等.计算机网络管理仿真平台防火墙实验设计[J].实验技术与管理,2015(4):156-160.

[19] 唐灯平,王进,肖广娣.ARP 协议原理仿真实验的设计与实现[J].实验室研究与探索,2016(12):126-129.

[20] 唐灯平,朱艳琴,杨哲,等.计算机网络管理虚拟仿真实验平台设计[J].实验室科学,2016(4):76-80.

[21] 唐灯平,朱艳琴,杨哲,等.计算机网络管理仿真平台接入互联网实验设计[J].常熟理工学院学报,2016(2):73-78.

[22] 唐灯平,朱艳琴,杨哲,等.基于虚拟仿真的计算机网络管理课程教学模式探索[J].计算机教育,2016(2):142-146.

[23] 唐灯平,朱艳琴,杨哲,等.计算机网络管理仿真平台入侵防御实验设计[J].常熟理工学院学报,2015(4):120-124.

[24] 唐灯平,凌云,王古月,等.基于异地 IPv6 校园网的互联实现[J].常熟理工学院学报,2013(4):119-124.

[25] 唐灯平,王古月,宋晓庆.基于 Packet Tracer 的 IPv6 校园网组建[J].常熟理工学院学报,2012(10):115-119.

[26] 唐灯平.基于 Packet Tracer 的 IPv6 静态路由实验教学设计[J].张家口职业技术学院学报,2012(3):53-56.

[27] 唐灯平. 职业技术学院校园网建设的研究[J]. 网络安全知识与应用,2009(4):71-73.

[28] 唐灯平. 关于《网络设备配置与管理》精品课程的建设[J]. 职业教育研究,2010(3):147-148.

[29] 唐灯平. 利用三层交换机实现 VLAN 间通信[J]. 电脑知识与技术,2009(18):4898-4899.

[30] 唐灯平,吴凤梅. 利用路由器子接口解决的网络问题[J]. 电脑学习,2009(4):66-67.

[31] 唐灯平. 利用 ACL 构建校园网安全体系的研究[J]. 有线电视技术,2009(12):34-35.

[32] 唐灯平. Windows Server 2003 中 OSPF 路由实现的研究[J]. 电脑开发与应用,2010(7):75-77.

[33] 唐灯平. 利用 Windows 2003 实现静态路由实验的研究[J]. 有线电视技术,2010(8):42-44.

[34] 唐灯平. 大型校园网络建设方案的研究[J]. 安徽电子信息职业技术学院学报,2010(3):19-21.

[35] 唐灯平,吴凤梅. 大型校园网络 IP 编址方案的研究[J]. 电脑与电信,2010(1):36-38.

[36] 唐灯平. 基于 Packet Tracer 的访问控制列表实验教学设计[J]. 长沙通信职业技术学院学报,2011(1):52-57.

[37] 唐灯平. 基于 Packet Tracer 的帧中继仿真实验[J]. 实验室研究与探索,2011(5):192-195.

[38] 唐灯平. 基于 GRE Tunnel 的 IPv6-over-IPv4 的技术实现[J]. 南京工业职业技术学院学报,2010(4):60-62.

[39] 唐灯平. 基于 Packet Tracer 的 IPSec VPN 配置实验教学设计[J]. 张家口职业技术学院学报,2011(1):70-73.

[40] 唐灯平. 基于 Packet Tracer 的混合路由协议仿真通信实验[J]. 武汉工程职业技术学院学报,2011(2):33-37.

[41] 唐灯平. 基于 Spanning Tree 的网络负载均衡实现研究[J]. 常熟理工学院学报,2011(10):112-116.

[42] 唐灯平,凌兴宏. 基于 EVE-NG 模拟器搭建网络互联计算实验仿真平台[J]. 实验室研究与探索,2018(5):145-148.

[43] 唐灯平. 职业技术学院计算机网络实验室建设的研究[J]. 中国现代教育装备,2008(10):132-134.

[44] 唐灯平,凌兴宏,魏慧. EVE-NG 仿真环境下 PPPoE 和 PAT 综合实验设计与实现[J]. 实验室研究与探索,2018(10):146-150.

[45] 唐灯平,凌兴宏,魏慧. EVE-NG 与 eNSP 整合搭建跨平台仿真实验环境[J]. 实验室研究与探索,2018(11):117-120.

[46] 唐灯平,凌兴宏,魏慧. 新工科背景下的计算机网络类课程实践教学模式探索[J]. 计算机教育,2019(1):72-75.

[47] 唐灯平. 基于 Packet Tracer 数据链路层帧结构仿真实现[J]. 实验室研究与探索,2020(10):126-130.

[48] 唐灯平,凌兴宏,王林. IP 语音电话仿真实验设计与实现[J]. 实验室研究与探索,2019(1):95-98.

图书资源支持

感谢您一直以来对清华版图书的支持和爱护。为了配合本书的使用，本书提供配套的资源，有需求的读者请扫描下方的"书圈"微信公众号二维码，在图书专区下载，也可以拨打电话或发送电子邮件咨询。

如果您在使用本书的过程中遇到了什么问题，或者有相关图书出版计划，也请您发邮件告诉我们，以便我们更好地为您服务。

我们的联系方式：

清华大学出版社计算机与信息分社网站：https://www.shuimushuhui.com/

地　　址：北京市海淀区双清路学研大厦 A 座 714

邮　　编：100084

电　　话：010-83470236　010-83470237

客服邮箱：2301891038@qq.com

QQ：2301891038（请写明您的单位和姓名）

资源下载：关注公众号"书圈"下载配套资源。

资源下载、样书申请

图书案例

书 圈

清华计算机学堂

观看课程直播